TATRA - LASTWAGEN
DIE UNVERWÜSTLICHEN

Michael Dünnebier

Motor buch Verlag

TATRA

Einbandfotos und -gestaltung : Ralf Weinreich

ISBN 978-3-613-04413-5

1. Auflage 2021

Sie finden uns im Internet unter:

WWW.MOTORBUCH-VERLAG.DE

Lektorat: Joachim Kuch
Innengestaltung: Ralf Weinreich, Halle/S.
Druck und Bindung: Conzella, 85609 Aschheim-Dornach
Printed in Germany

Vorwort

Das Unternehmen im mährischen Koprivnice in der Tschechischen Republik, das seine Fahrzeuge seit 1919 unter dem Markennamen »Tatra« verkauft, gehört zu den ältesten Automobilproduzenten Europas. Das Spektrum reichte einst von Personenkraftwagen und leichten Nutzfahrzeuge über Omnibusse bis hin zu einer großen Typenvielfalt von Lastkraftwagen. Mit dem Ende der Pkw-Produktion im Werk Pribor bestimmen seit 1998 hauptsächlich schwere Nutzfahrzeuge das Fertigungsprogramm.

Mit dieser Publikation möchte der Verfasser einen Überblick zur Tatra-Unternehmensgeschichte und zur Entwicklung der Lastkraftwagen von 1898 bis heute geben. Dabei geht es sowohl um die technischen Besonderheiten und Innovationen bei den Fahrzeugen, aber auch um die wechselvolle Geschichte des Betriebes. Sie war über viele Jahre von Hans Ledwinka, dem legendären Konstrukteur und Werkleiter, geprägt.

Angesichts der kaum überschaubaren Vielzahl von Typen hat sich der Autor bei den einzelnen Baureihen neben den Grundausführungen auf die wichtigsten Modifikationen und Aufbauten beschränkt. Damit bleibt das Werk übersichtlich und nachvollziehbar.

Besonders bei den militärisch eingesetzten Lastwagen existiert eine Vielfalt von kundenspezifischen Varianten, wovon hier einige besonders prägnante dargestellt werden. Gleiches gilt auch für die Feuerwehrfahrzeuge. Das sehr interessante Thema der Omnibusse, die auf der Basis von Tatra-Fahrgestellen entstanden sind, ist ebenfalls beispielhaft abgehandelt worden.

Eine Besonderheit sind die seit 1987 bei internationalen Gelände-Rallyes und Truck-Rennen erfolgreichen Tatra-Lastwagen. Diese faszinierenden Fahrzeuge müssen hier zumindest erwähnt werden, eine umfassende Darstellung war aus Platzgründen leider nicht machbar. Dies betrifft auch Beschreibungen zur aktiven Oldtimerszene und zu den privat und museal erhaltenen historischen Fahrzeugen und deren Restaurierung.

Im Jahr 2016 veröffentlichte der Verfasser in der Typenkompass-Reihe des Motorbuch-Verlages einen Band zu Tatra-Nutzfahrzeugen. Dabei war klar, dass dieses kompakte Format nur einen ersten Überblick bieten

Werbung für eine Sonderausstellung, die der Verfasser dieses Buch 1999 in Dresden kuratierte.

konnte. Dem Verlag ist es zu danken, dass nun erstmals eine umfangreichere Nutzfahrzeug-Typologie und Firmengeschichte des Tatra-Werkes in deutscher Sprache vorliegt.

Diese Veröffentlichung ist dem Autor ein ganz besonderes Anliegen. Denn durch sein fachliches Interesse und seine berufliche Tätigkeit ist er seit vielen Jahren der Entwicklung der Firma Tatra und ihren Erzeugnissen eng verbunden. Er hatte die Gelegenheit, bereits 1983 das Werk in Koprivnice und die damals neue Baureihe T 815 ausgiebig kennenzulernen.

Durch seine Tätigkeit im Verkehrsmuseum Dresden konnte der Verfasser mit dem Technischen Museum Tatra in Koprivnice und dem Nationalen Technischen Museum in Prag eng zusammenarbeiten. Das Ergebnis war 1999 die deutsche Fassung der Sonderausstellung »Tatra-Automobile – Geschichte und Design«. Ebenfalls in Dresden folgten in den Jahren 2007 und 2010 Ausstellungen über die Expeditionen von Zikmund und Hanzelka sowie über Hans Ledwinka.

Neben den Recherchen in Koprivnice und den vielen Kontakten zu Fachkollegen waren besonders die Veröffentlichungen von Wolfgang Schmarbeck, Karel Rosenkranz und Milan Olschansky wertvolle Quellen.

Mein Dank gilt allen Kollegen, die mir mit Material und Informationen behilflich waren. Besonders zu nennen sind Jiri Kasparek vom Unternehmen Tatra Trucks a.s., Radim Zatopek vom Technischen Museum Tatra in Koprivnice, Vladimir Mach aus Usti n.L., Martin Harak aus Brno, Jan Tucek aus Prag und Wilfried Klahre aus Dresden, der wichtige Hinweise und Material in Sachen Feuerwehr lieferte.

Einen besonderen Dank an Ralf Weinreich, der die Entstehung dieses Buches mit Rat und Tat unterstützt hat und sein Wissen, Literatur und interessante Bilder beisteuerte.

Dr. Michael Dünnebier — Dresden, im Juni 2021

(Foto: ERWE)

Das Unternehmen Tatra bis 1945

Ein Dreitonner Tatra T 27 von 1936. (Foto: Archiv Ralf Weinreich)

Die Geschichte des Unternehmens

In der ostmährischen Gemeinde Nesselsdorf wurde im Jahr 1822 Ignatz Schustala geboren, der dort 1850 gemeinsam mit zwei Gesellen mit der handwerklichen Fertigung von Kutschen und Wagen begann. Schustala war gelernter Sattler, Wagner und Lackierer und hatte sein Handwerk auch bei der Hofsattlerei Koller in Wien vervollkommnet.

Auch im östlichen Teil der österreichisch-ungarische Monarchie, zu der bis 1918 das Gebiet der späteren Tschechoslowakei gehörte, wurden im Zuge der industriellen Revolution immer mehr Transportmittel benötigt. die Nachfrage nach den Nesselsdorfer Fabrikaten stieg schnell an und die bescheidene Werkstatt wurde bereits im Jahre 1853 durch ein neues Fabrikgebäude ersetzt. Schon 1856 gründete Ignatz Schustala eine erste Niederlassung in Lemberg (Lviv). Um den Ausbau weiter finanzieren zu können, schloss er sich mit dem Fabrikanten Adolf Raška und dem Buchhalter Karel Mosler zusammen, woraus im Jahre 1858 die Firma »Schustala & Company« entstand. Die hohe Qualität der Kutschen aus Nesselsdorf wurde wiederholt mit Preisen gewürdigt, 1866 avanciert Schustala sogar zum Hoflieferanten des Prinzen Karl-Friedrich von Preußen.

Bis 1880 konnte der jährliche Ausstoß auf 1.200 Kutschen und Wagen gesteigert werden. Einen wesentlichen Impuls für die künftige Entwicklung des Unternehmens gab 1881 der Bau der Eisenbahnstrecke von Stramberg über Nesselsdorf nach Stauding (Studenka). Dabei handelte es sich um eine Nebenstrecke der Kaiser-Ferdinand-Nordbahn, die von Wien bis nach Galizien reichte. Dieses Bahnprojekt führte zu einem erheblichen Bedarf an rollendem Material und die Firma Schustala stieg ab 1882 zunächst in die Produktion von

Diese Kutschen aus der Anfangszeit der Schustala-Fertigung sind heute im Fojtstvi Museum in Koprivnice ausgestellt. (Foto: MDü)

NW-Kohlewaggons für die Kaiser-Ferdinand-Nordbahn in Nesselsdorf 1892.

Güterwagen ein. Nach der Erweiterung der Fertigungshallen folgten ab 1886 auch Eisenbahn-Personenwagen. Die fachliche Beratung sicherte sich Ignatz Schustala durch Hugo Fischer von Röslerstamm, einen Inspektor der Kaiser-Ferdinand-Nordbahn, der 1890 zum Direktor der Waggonfabrik berufen wurde.

Um das notwendige Kapital für den Ausbau des Unternehmens zu beschaffen, wurde das Unternehmen bis 1891 in eine Aktiengesellschaft umgewandelt, welche als »Nesselsdorfer Wagenbau-Fabriks-Gesellschaft« (Kürzel NW) firmierte. Im selben Jahr 1891 starb der Firmengründer Ignatz Schustala. Seine Söhne verkauften den Rest ihrer Aktien und gründeten ein eigenes Unternehmen, die Waggonfabrik Stauding (Vagonka Studenka).

Die Fabrik produzierte 1892 bereits über 1.000 Waggons und 800 Kutschen. Von den mehr als tausend Arbeitern waren 700 im Waggonbetrieb beschäftigt.

Trotz dieses florierenden Absatzes von Eisenbahnwaggons und Pferdewagen erkannte Hugo Fischer von Röslerstamm die Bedeutung des aufkommenden Automobils. Unter dem Einfluss von Baron Theodor von Liebieg aus Nordböhmen, der 1894 mit einem Benz »Victoria« die erste Automobilfernfahrt unternommen hatte, begann auch in Nesselsdorf die Hinwendung zum Automobilbau. Liebieg vermittelte die Lieferung eines Benz-Zweizylindermotors und 1897 begann die Montage des »Präsident«, des ersten Automobils aus Böhmen und Mähren, das 1898 in Nesselsdorf fertiggestellt wurde. An der Montage war auch der junge Hans Ledwinka beteiligt, der später das Unternehmen wesentlich prägen sollte. Basis des »Präsident« war die Nesselsdorfer Luxuskutsche »Mylord«. Im Mai 1898 absolvierte der Wagen eine werbewirksame Fernfahrt nach Wien. Das Originalfahrzeug ist heute noch erhalten und wird im Technischen Nationalmuseum in Prag ausgestellt.

Bereits 1898, nur kurz nach der Montage des »Präsident«, entstand in Nesselsdorf auch der erste Lastkraftwagen mit einer Tragfähigkeit von 2,5 Tonnen. Da zunächst kein eigener ausreichend starker Motor zur Verfügung stand, kamen zwei Benz-Zweizylinder-Motoren hinter der Hinterachse liegend zum Einsatz. Je nach Belastung wurden ein oder zwei Motoren zum Antrieb

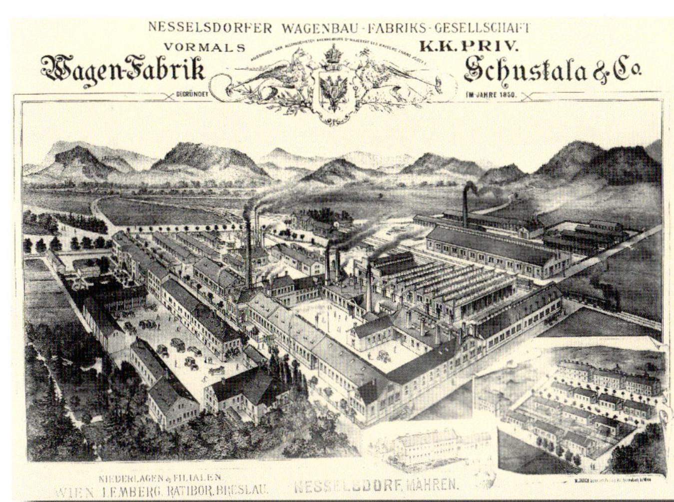

Die Nesselsdorfer Wagenbau-Fabriks-Gesellschaft hatte sich besonders durch die Fertigung von Eisenbahnwaggons schnell entwickelt.

Der originale NW Präsident wird bis heute im Technischen Nationalmuseum in Prag präsentiert. (Foto: MDü)

genutzt, die über eine Zahnkupplung gekoppelt werden konnten. Da dieser Antrieb in der Praxis jedoch nicht befriedigte, wurde das Fahrzeug bereits 1900 wieder umgebaut. Ein stärkeres Antriebsaggregat ersetzte die beiden Motoren, ein anderes Getriebe wurde montiert sowie ein Lenkrad anstelle des Lenkhebels. Im Jahr 1979 entstand nach den Originalunterlagen der Nachbau des NW-Lastwagens in der ersten Ausführung mit Zwillingsmotoren.

Der Nachbau des ersten Lkw diente schon oft auf Ausstellungen und Messen.

Dem ersten Lastwagen folgte im Jahr 1900 ein Dampfomnibus, der aber ebenso ein Unikat blieb wie zwei Elektrofahrzeuge. In nur geringen Stückzahlen montierte die Nesselsdorfer Wagenbau-Fabriks-Gesellschaft in den Folgejahren verschiedene Personenwagen, Lastwagen und Busse, ab 1902 auch mit eigenen Motoren.

Allerdings stand die NW-Abteilung Automobilbau bis zum Ersten Weltkrieg im Schatten der Montage von Eisenbahn- und Pferdewagen, die bis dahin einen guten Absatz versprachen. Außerdem war Direktor Hugo

NW-Lastkraftwagen (interne Auftrag-Nr. 3007)	
Bauart:	Pritschenwagen
Bauzoit:	1808 / Umbau 1000
Motor:	2 x Benz-2- Zylindermotor, wassergekühlt
Hubraum:	2 x 2.714 cm^3
Leistung:	9,6 kW (13 PS) bei 600 U/min, Motoren gekuppelt
Getriebe:	3 + 1 Gänge
L x B x H:	4.805 x 1.820 x 2.865 mm
Radstand:	2.000 mm
Leermasse:	k.A.
Nutzmasse:	2.500 kg
Räder:	Ø 750 mm vorn, 900 mm hinten
Höchstgeschwindigkeit:	15 km/h
Bemerkung:	ab 1900: 1 x 12-PS-Motor und 4-Gang-Getriebe

Fischer von Rösslerstamm, der auch dem Automobilbau aufgeschlossen war, 1912 in den Ruhestand gegangen. Sein Nachfolger Erhard Kölbel legte den Schwerpunkt deutlich auf die Eisenbahnfertigung. Insgesamt waren bis zum Jahr 1914 nur ganze 22 NW-Nutzfahrzeuge gebaut worden. Dazu gehörten die Typen O/O2, M, SO, R und K, wovon einige im eigenen Unternehmen eingesetzt wurden.

Mit dem Ersten Weltkrieg stieg der Bedarf an Lastwagen deutlich an. Im Zuge der Kriegskonjunktur fertigte die Nesselsdorfer Firma ab 1915 den Zweitonner TL 2, dem ein Jahr später der Viertonner TL 4 folgte. Die umfangreichen Aufträge für diese Typen bedeuteten den Anschub bei der Automobilfertigung in größeren Stückzahlen. Insgesamt sind von beiden Typen 1.383 Wagen hergestellt worden, davon 351 Zweitonner. Auf dem Höhepunkt der Kriegsproduktion 1917 beschäftigte die Firma 5.300 Arbeiter und 350 Angestellte.

Die TL-Fahrzeuge waren für den Kriegseinsatz besonders robust ausgelegt, womit auch noch nach 1918 geworben wurde. Beide Typen unterschieden sich im Wesentlichen durch die Tragfähigkeit. Neben den Pritschenwagen wurden im eigenen Betrieb auf beiden Fahrgestellen verschiedene Sondervarianten aufgebaut. Es gab Kipper und Kastenwagen sowie Drehschemel-Aufbauten für den Holztransport. Außerdem fertigte NW eigene Anhänger mit einer Tragfähigkeit von zwei bis drei Tonnen für den TL 4, woraus für den Kriegseinsatz ein sogenannter »Subventions-Lastzug« gebildet werden konnte. Der veraltete, aber robuste TL 4 blieb bis 1927 im Programm. Zu dieser Zeit wurden sogar noch acht TL 4-Omnibusse montiert, die 22 Sitzplätze boten.

Die Automobile trugen über 20 Jahre die Markenbezeichnung »NW« als Kürzel für Nesselsdorfer Wagenbau-Fabriks-AG. Mit dem Zusammenschluss von Böh-

TL 2 / TL 4	
Bauart:	Pritschenwagen
Bauzeit:	TL 2: 1915-1923 / TL 4: 1916 - 1927
Motor:	4-Zylinder-R-Vergasermotor, wassergekühlt
Hubraum:	3.562 cm³
Leistung:	25,7 kW (35 PS) bei 1.600 U/min
Getriebe:	4 + 1 Gänge
L x B x H:	5.380 x 1.800 x 2.450 mm (6.060 x 1.800 x 2.500 mm)
Radstand:	3.700 mm (4.000 mm)
Leermasse:	2.100 kg (2.700 kg)
Nutzmasse:	2.000 kg (4.000 kg)
Bereifung:	Vollgummi, vorn 820 mm x 120 mm, hinten 1.050 mm x 140 mm doppelt
Höchstgeschwindigkeit:	35 km/h (25 km/h)
Bemerkung:	Klammerangaben: Maße und Massen TL 4

Erstes Foto eines TL 4 mit dem Markennamen Tatra aus dem Jahr 1919 .

men, Mähren, der Slowakei und Österreichisch-Schlesien erfolgte am 28. Oktober 1918 die Gründung der Tschechoslowakischen Republik. Danach dominierte nun offiziell die tschechische Sprache. Die Ortsbezeichnung von Nesselsdorf lautete von da an Koprivnice und der Firmenname folgerichtig »Koprivnicka vozovka a.s.«. Nach der erfolgreichen Testfahrt eines NW-Pkw vom Typ »U« in den Bergen des Tatra-Gebirges wurde im März 1919 erstmals an einem TL4-Lastwagen die Aufschrift »Tatra« verwendet und ab 1921 als Markenname eingeführt. Allerdings tauchte der Begriff erst 1927 im Firmennamen auf, als der Betrieb seinen Namen in übersetzt »Tatra-Werke Automobil- und Waggonbau AG« änderte. Die Registrierung der Tatra-Schutzmarke erfolgte erst 1934.

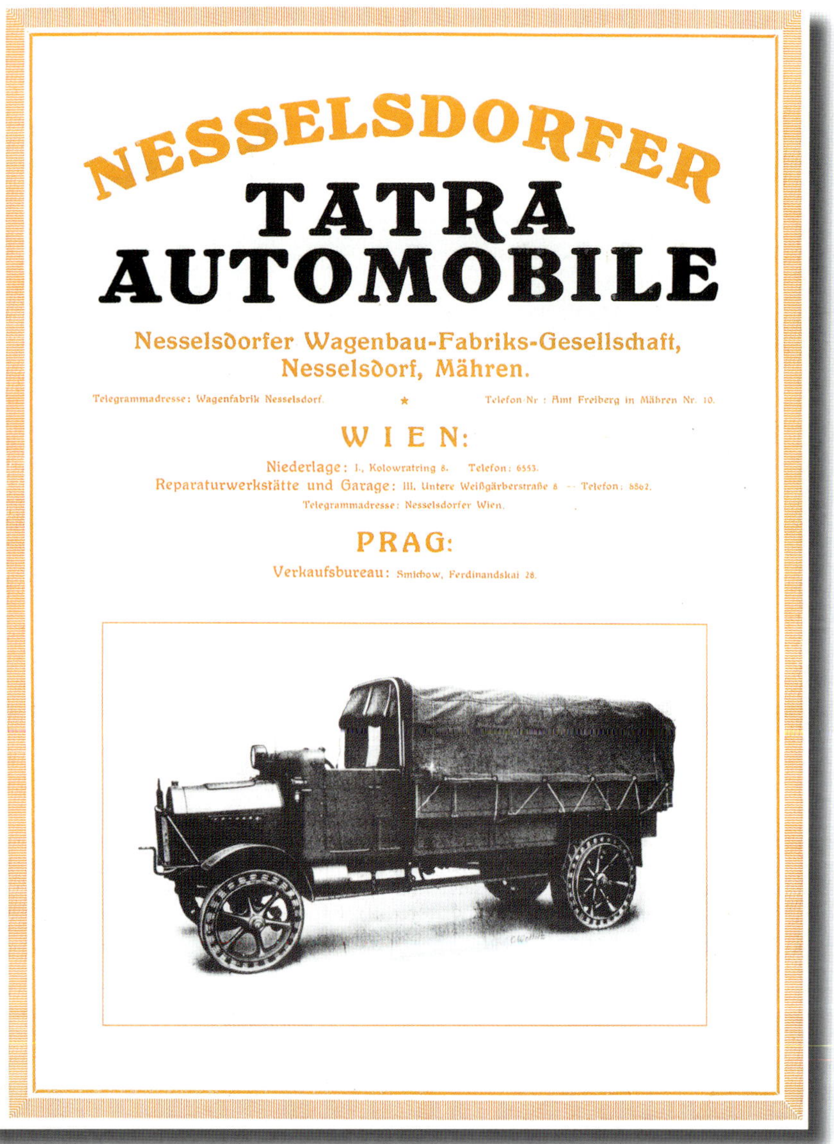

Titel eines Werbeprospekts für TL-Lastwagen.

Durch den Rückgang der Waggon-Bestellungen des tschechoslowakischen Eisenbahnministeriums Anfang der 1920er Jahre gewann die nach der Kriegskonjunktur zunächst rückläufige Automobilfertigung nun wieder an Bedeutung. Die Fertigungskapazitäten wurden ausgebaut und Hans Ledwinka, der Nesselsdorf 1916 verlassen hatte, wurde 1921 als Chefkonstrukteur und Leiter des Automobilwerks zurückgeholt. Auf sein Leben und Wirken wird noch gesondert eingegangen.

Zunächst reagierte er mit der Entwicklung des robusten Kleinwagens T 11, der 1923 auf dem Prager Autosalon als »Volksauto« vorgestellt wurde. Dieses Fahrzeug verfügte über ein Zentralrohr-Fahrgestell mit Pendel-Halbachsen, Querblatt-Federung sowie einen luftgekühltem Motor und begründete als Erstes die später als »Tatra-Konzept« bezeichnete Bauart.

Die Lastwagenfertigung stützte sich aber zunächst noch auf die inzwischen veralteten Kriegstypen TL 2 und TL 4. Der Absatz von Eisenbahnwaggons war weiter unbefriedigend und das Automobilwerk musste ausgebaut und der Maschinenpark modernisiert werden. Wirtschaftlich brauchte Tatra nun einen starken Verbündeten und so fusionierte das Unternehmen 1923 mit dem Ringhoffer-Konzern in Prag. Dieses Unternehmen ging zurück auf eine Kesselschmiede, die der gebürtige Österreicher Franz Ringhoffer 1771 in Prag gegründet hatte. Seine Nachfahren begannen 1853 in Prag-Smichov mit der Herstellung von Eisenbahnwagen. Weitere Maschinenbaubetriebe folgten. Besonders durch Kriegsaufträge expandierte das Unternehmen Ringhoffer seit 1914 erheblich und bot sich nun als Partner für Tatra an.

Seine neues Fahrgestellkonzept wendete Ledwinka ab 1925 auch bei Nutzfahrzeugen an, zunächst beim leichten Lkw T 13. Dieser wurde aus fertigungstechnischen Gründen unmittelbar vom Pkw T 11 abgeleitet, allerdings mit einer verstärkten Hinterachse. Ab 1926 gab es beim T 13 auch Bremsen an den Vorderrädern. Bis 1932 verließen insgesamt 706 Stück des T 13 das Werk, davon auch 42 Kleinbusse.

Nach dem leichten T 13 waren der zweiachsige T 23 und der dreiachsige T 24 die ersten schwereren Lastwagen und Omnibusse, die Tatra seit 1927 bzw. 1928 mit

Der T 23 Pritschenwagen war einer der ersten schwereren Tatra-Lkw mit Zentralrohrrahmen.

Zentralrohrrahmen und Pendelhalbachsen, aber noch mit wassergekühlten Vergasermotoren anbot. Aufgrund seiner kurzen Motorhaube wurde der T 23 auch als »Bulldog« bezeichnet. Obwohl nur insgesamt 72 Stück des T 23 gebaut wurden, findet sich eine Vielzahl von Ausführungen und Aufbauvarianten bei Lastwagen und Omnibussen. Die Karosseriefirma von Oldrich Uhlik in Prag montierte für das Reisebüro »Cedok« sogar einen gelungenen Stromlinienbus auf einem T 23-Chassis.

T 24 29/65	
Bauart:	Lastwagen
Bauzeit:	1928-1931
Motor:	Tatra T 64, 4-Zylinder-Vergasermotor, wassergekühlt
Hubraum:	7.478 cm³
Leistung:	47,8 kW (65 PS) bei 1.500 U/min
Getriebe:	4 + 1 Gänge
L x B x H:	7.000 - 8.500 x 2.200 x 2.600 mm
Radstand:	4.022 + 1.250 mm (Autobus 4.340 + 1.250 mm)
Leermasse:	5.650 kg (Pritschenwagen)
Nutzmasse:	6.000 kg
Bereifung:	40x10,5
Höchstgeschwindigkeit:	40 - 45 km/h
Bemerkung:	auch Omnibusaufbauten verschiedener Hersteller

In vielen Gegenden der Tschechoslowakei erforderten der schlechte Straßenzustand und gebirgiges Gelände zwei Antriebsachsen, um die Kraft auf den Boden zu bringen. Deshalb wurde dieses Prinzip ab 1926 auch beim größeren T 24 umgesetzt. Ansonsten entsprach die Grundausführung des T 24-29/85, weitgehend dem zweiachsigen T 23 und er verfügte ebenfalls über den Tatra-4-Zylinder-Vergasermotor Typ 64 mit 65 PS. Damit entstanden die meisten der insgesamt 337 Exemplare. Genutzt wurden die T 24 - Chassis für verschiedene Lastwagen- und Omnibus-Aufbauten.

Konstrukteur Hans Ledwinka kombinierte in den folgenden Jahren bei den Lastwagen mit dem Zentralrohrrahmen verschiedene Antriebskonzepte mit Benzin- und Dieselmotoren sowie Luft- und Wasserkühlung. Um die Leistungs- und Tragfähigkeit des Typs T 24 zu erhöhen, wurden ab 1932 vier Modifikationen mit 6-Zylindermotoren entwickelt, die T 24/58 und T 24/63 mit Vergasermotoren sowie die Typen T 24/59 und T 24/67 mit Dieselantrieb. Diese konnten bis zu 10 Tonnen tragen. Die Chassis dienten auch für schwere Omnibusse, die besonders auf den Steigungsstrecken im Stadtgebiet von Prag unterwegs waren.

Während Tatra den Absatz besonders bei leichteren Pkw ab 1925 positiv entwickeln konnte, blieb der Marktanteil bei den zivil eingesetzten Lastwagen und

Werbeanzeige der deutschen Vertriebsfirma DETRA für den Tatra T 24/63.

Omnibussen hinter denen der Hauptkonkurrenten Praga und Skoda deutlich zurück. Im Jahr 1928 waren in der Tschechoslowakei ganze 742 Tatra-Nutzfahrzeuge zugelassen. Dem gegenüber standen aber 3.422 Fahrzeuge von Praga sowie 1.680 Lastwagen und Busse von Skoda.

Eine Verbesserung brachte 1931 die Einführung des Dreitonners Tatra T 27. Mit den später folgenden Modifikationen T 27a und T 27b verließen bis 1946 insgesamt 7.208 Wagen dieser Baureihe die Fertigungshallen. Neben den zivilen Versionen war dies besonders auch dem militärischen Einsatz zu verdanken. Der Dreitonner war sehr geländegängig und verfügte über hydraulische Bremsen. Abgeleitet vom T 27 gab es ab 1932 die Dreiachser-Typen T 28, T 28a und T 29. Auf Grund der Treibstoffsituation wurden zwischen 1941 und 1943 bei 1.582

Ein 1930 bei Tatra für den Busbetrieb der Hauptstadt Prag gebauter T 24 mit 65-PS-Vergasermotor. (Foto: AMH)

T 27	
Bauart:	Lastwagen
Bauzeit:	1931-1939
Motor:	Tatra 27, 4-Zylinder-Vergasermotor, wassergekühlt
Hubraum:	4.253 cm³, später 4.712 cm³
Leistung:	38,2 kW (52 PS) bei 2.100 U/min, später 41,9 kW (57 PS) bei 2.100 U/min
Getriebe:	4 +1 Gänge
L x B x H:	6.300 x 2.100 x 2.400 mm
Radstand:	3.800 - 4.300 mm
Leermasse:	3.950 kg
Nutzmasse:	3.000 kg
Bereifung:	36x8
Höchstgeschwindigkeit:	55 km/h
Bemerkung:	auch als Omnibusfahrgestell

Pritschenausführung des T 27a mit 63-PS-Motor - gebaut von 1937 bis 1939.

Stück des T 27b Holzgasgeneratoren von Imbert eingesetzt. Auf der Basis der Zwei- und Dreiachser montierten mehrere Karosseriebauer verschiedene Omnibusaufbauten, die auch bei den Tschechischen Staatsbahnen zum Einsatz kamen.

Neben der Firma Sodomka in Vysoke Myto nutzten Petera in Vrchlabi, Brozik in Pilsen und Bohemia in Vysoke Lipa die robusten Tatra-Chassis für ihre Omnibusse.

Die allgemeine Wirtschaftskrise bremste ab 1931 durch sinkenden Inlandsabsatz und geringere Exporte die Geschäfte bei Tatra. Dazu kamen wenig später die negativen Auswirkungen des am 23.12.1932 in der Tschechoslowakei erlassenen sogenannten »Automobil-Gesetzes« auf den Verkauf schwerer Kraftfahrzeuge an private Unternehmen. Dieses Gesetz diente der Bevorrechtigung der staatlichen Eisenbahn (CSD) und der

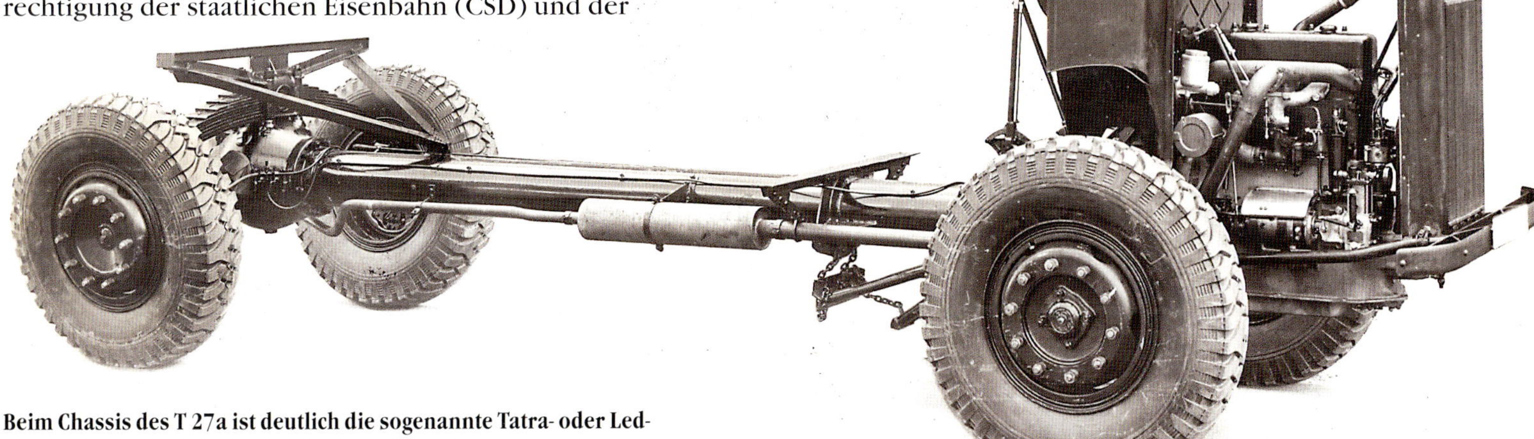
Beim Chassis des T 27a ist deutlich die sogenannte Tatra- oder Ledwinka-Bauart zu erkennen mit Tragrohr, Pendelachsen und Querblattfedern.

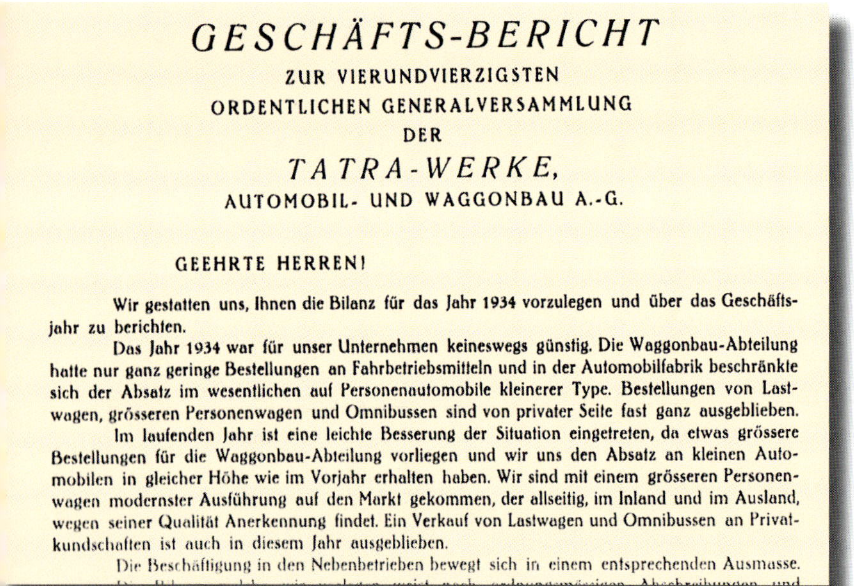

GESCHÄFTS-BERICHT
ZUR VIERUNDVIERZIGSTEN
ORDENTLICHEN GENERALVERSAMMLUNG
DER
TATRA-WERKE,
AUTOMOBIL- UND WAGGONBAU A.-G.

GEEHRTE HERREN!

Wir gestatten uns, Ihnen die Bilanz für das Jahr 1934 vorzulegen und über das Geschäftsjahr zu berichten.

Das Jahr 1934 war für unser Unternehmen keineswegs günstig. Die Waggonbau-Abteilung hatte nur ganz geringe Bestellungen an Fahrbetriebsmitteln und in der Automobilfabrik beschränkte sich der Absatz im wesentlichen auf Personenautomobile kleinerer Type. Bestellungen von Lastwagen, grösseren Personenwagen und Omnibussen sind von privater Seite fast ganz ausgeblieben.

Im laufenden Jahr ist eine leichte Besserung der Situation eingetreten, da etwas grössere Bestellungen für die Waggonbau-Abteilung vorliegen und wir uns den Absatz an kleinen Automobilen in gleicher Höhe wie im Vorjahr erhalten haben. Wir sind mit einem grösseren Personenwagen modernster Ausführung auf den Markt gekommen, der allseitig, im Inland und im Ausland, wegen seiner Qualität Anerkennung findet. Ein Verkauf von Lastwagen und Omnibussen an Privatkundschaften ist auch in diesem Jahr ausgeblieben.

Die Beschäftigung in den Nebenbetrieben bewegt sich in einem entsprechenden Ausmasse.

Auszug aus dem Geschäftsbericht der Tatra AG für das Geschäftsjahr 1934.

staatlichen Postverwaltung. Mit diesem Ziel wurden der Personenverkehr und der Warentransport bei privaten Unternehmen extra besteuert. Dazu kam die Bevorrechtigung der CSD bei der Vergabe von Buslinien, wovon Tatra mit seinen robusten Bussen aber teilweise profitieren konnte. Bei den Lkw konnte die Situation durch Lieferungen an die Armee etwas kompensiert werden.

Konstrukteur Hans Ledwinka versuchte, die Wettbewerbssituation durch Innovationen und Erweiterungen der Angebotspalette zu verbessern. Bei den Pkw war Tatra eines der ersten Unternehmen, das mit dem Typ T 77 seit 1934 Autos mit aerodynamischen Karosserien anbot.

Trotzdem verzeichneten die Tatra-Bilanzen sinkende Gewinne. Besonders deutlich formuliert es der Geschäftsbericht der Tatra AG für das Jahr 1934.

Waren die Tatra-Werke zunächst ein eigenverantwortlich wirtschaftender Betrieb unter dem Dach des Ringhoffer-Konzerns, so wurde nun im November 1935 die komplette Fusion beider Unternehmen beschlossen. Damit entstand ab 1936 die »Ringhoffer-Tatra Werke AG« mit Sitz in Prag. Man zielte auf positive Effekte durch die Vereinfachung der Verwaltung und Buchführung sowie durch Synergien bei der Fertigung und dem Absatz. Neben den Standorten in Prag-Smichov und Koprivnice gehörte zum Konzern neben verschiedenen Maschinenbau- und Elektrofirmen auch die Waggonfabrik in Studenka. Diese war 1900 von Adolf Schustala gegründet worden, einem Sohn von Ignatz Schustala, dem die Entwicklung in Nesselsdorf / Koprivnice zu verdanken war.

Ab 1936 setzte in der Tschechoslowakei nach der Krise wieder ein wirtschaftlicher Aufschwung ein. Dazu kamen auch Forderungen des tschechoslowakischen Militärs nach der Konstruktion und Fertigung von Militär-Lastwagen. Das Land rüstete mit Blick auf Deutschland und andere Nachbarländer deutlich auf.

Leichter Militär-Pritschenwagen T 82 für die tschechoslowakische Armee von 1936.

Auf dem Chassis des T 82 montierte die Firma Sodomka aus Vysoke Myto 1937 einige Busse für die Tschechoslowakischen Staatsbahnen CSD.

Das Unternehmen Tatra konnte auf der Basis seiner robusten, geländegängigen Konstruktionen mit dem Angebot verschiedener Lastwagentypen reagieren. Besonders erfolgreich waren dabei die Reihe T 27, die Typen T 82, T 85 , T 92 / T 93 und der 1,5-Tonner T 72. Viele dieser Fahrzeuge bildeten nicht nur das Rückgrat der tschechoslowakischen Armee, sondern waren auch im Ausland erfolgreich.

Von 1935 bis 1938 baute Tatra als Typ T 82 einen kleineren dreiachsigen Militärlastwagen mit luftgekühltem OHC-Vierzylinder. Einige der insgesamt 322 gelieferten T 82 sollen auch mit dem Motor des Pkw T 87 und einem verstärkten Fahrgestell ausgerüstet worden sein. Neben 297 Pritschenwagen fertigte Tatra auf Basis des Typs T 82 auch einige Kommandeurswagen. Für die Tschechoslowakischen Staatsbahnen montierte die Firma Sodomka in Vysoke Myto für unwegsame Nebenstrecken auch einige Busse auf T-82-Chassis.

Als T 85 - Projektnummer V 700 entwickelte Tatra für die Armee einen kompakten Fünftonner-Lastwagen mit Vergasermotor und zwei angetriebenen Hinterachsen. Von den ab 1936 ausgelieferten 314 Fahrzeugen wurden 224 mit Tankaufbauten versehen. Ein Teil davon lief als Zug mit Tankanhängern, die über eine Kabine für das Begleitpersonal verfügten.

Dem militärischen Haubenfahrzeug T 85 wurde ab 1938 als zivile Variante der T 85a zur Seite gestellt. Um bei kompakten Abmessungen eine größere Ladefläche zu gewinnen, nutzte Tatra eine Frontlenkerkabine, aus welcher der Motorkühler noch ein Stück nach vorn herausragte. Angeboten wurden Ausführungen des T 85a als Pritschenwagen, Kipper und Omnibuschassis.

Um die Leistung und Zugkraft zu erhöhen, montierte Tatra bei 52 Exemplaren des T 85a-Frontlenkers einen wassergekühlten Sechszylinder-Dieselmotor des Typs Tatra 91. Diese Fahrzeuge wurden als T 85/91 oder auch als T 98 bezeichnet. Ein T 85/91-Omnibus ist in der Tschechischen Republik gut restauriert erhalten.

In Fortführung der Entwicklung des leichten, geländegängigen T 82 fertigte Tatra von 1937 bis 1939 den erfolgreichen T 92 mit 6x4-Antriebsformel. Die Allradvariante lief als Typ T 93. Insgesamt verzeichnet die Fertigungsstatistik 529 Stück vom T 92 und 783 des Lastwagens T 93. Ein Großteil der Produktion beider Baumuster

Prospekttitel des Pritschenwagens T 85a mit Vergasermotor.

kam beim rumänischen Militär zum Einsatz, weswegen diese Typen auch den Beinamen »Rumänen-Typ« trugen. Sie zeichneten sich durch eine hohe Geländetauglichkeit aus und verfügten über eine starke Seilwinde. Die Hinterachsen waren mit sperrbaren Differentialen versehen.

T 85/91 (T 98)	
Bauart:	Lastwagen
Bauzeit:	1938-1939
Motor:	Tatra 91, 6-Zylinder-Dieselmotor, wassergekühlt
Hubraum:	7.300 cm³
Leistung:	62,3 kW (85 PS) bei 1.900 U/min
Getriebe:	(4 + 1) x 2 Gänge (mit Zusatzgetriebe)
L x B x H:	7.400 x 2.300 x 2.750 mm (Pritschenwagen)
Radstand:	3.000 + 1.180 mm
Leermasse:	6.800 kg
Nutzmasse:	5.000 kg
Bereifung:	8x20 oder 9,75x20
Höchstgeschwindigkeit:	60 km/h
Bemerkung:	Omnibus ohne Zusatzgetriebe

Einer der ab 1936 gebauten T 85 mit Armee-Tankaufbau.

Die T 92 des ersten Baujahres besaßen noch eine abfallende Motorhaube ähnlich dem T 82.

Trotz der zunehmenden Erfolge beim Verkauf von Militär-Lkw und auch bei den Pkw-Baureihen war Tatra

Der einzige erhaltene und gut restaurierte Omnibus-Typ T 85/91 von 1938 wurde 2015 in Prag ausgestellt. (Foto: MDü)

bemüht, weitere Absatzfelder zu erschließen. Neben dem Bau von Eisenbahnwaggons montierte Tatra 1935 auch einen Diesel-Triebwagen des Typs M 290, genannt »Slowakischer Pfeil«, der auf der Eisenbahnstrecke von Prag nach Bratislava zum Einsatz kam. Im Zweigwerk in Studenka war 1934 sogar mit der Einrichtung einer Fertigung leichter Flugzeuge begonnen worden, die jedoch nach dem deutschen Einmarsch 1939 eingestellt wurde.

Als weitere ergänzende Produktion begann Tatra 1936 mit der Erprobung von dreiachsigen Oberleitungsbussen, die für den Betrieb auf Steigungsstrecken in Prag vorgesehen waren. Dafür wurde in Koprivnice auch eine kurze Teststrecke eingerichtet. Das Fahrwerk des Typs T 86 orientiere sich stark an den schweren Lastwagen. Die elektrische Ausrüstung stammte beim Prototyp von Siemens und von der Firma Sousedík in Vsetín, später von CKD. In den Jahren 1938 und 1939 lieferte Tatra sechs Obusse T 86 nach Prag, danach verschob sich der Schwerpunkt zur Kriegsproduktion. Allerdings nutzte Tatra die Erfahrungen bei der Wiederaufnahme der Obusfertigung im Jahr 1948 beim Typ T 400.

Einen wesentlichen Einschnitt bedeuteten für die Ringhoffer-Tatra AG die politischen Ereignisse, die mit dem Münchner Abkommen vom 30.9.1938 ihren Anfang nahmen. Unmittelbar danach wurden die sudetendeutschen Gebiete dem Deutschen Reich angegliedert.

Ein Militär-Pritschenwagen T 93 mit Allradantrieb in der Ausstellung des Tatra-Museums Koprivnice. (Foto: MDü)

Der aerodynamisch gestaltete Motortriebwagen M 290 bewältigte die Strecke von Prag nach Bratislava in vier Stunden. (Foto: MDü)

Die Grenze zwischen dem Sudetengebiet und der sog. »Rest-Tschechoslowakei« verlief direkt durch das Werksgelände. Bis zu einer Grenzkorrektur, die das Werksgelände in Nesselsdorf dem Deutschen Reich zuschlug, stand die Fertigung acht Wochen lang still. Die Gesamtdirektion der Ringhoffer-Tatra AG verblieb aber in Prag und gehörte nach dem 15. März 1939 zum begrenzt tschechisch verwalteten Protektorat Böhmen und Mähren. Diese territoriale Trennung der Unternehmensstrukturen erschwerte die Arbeit im Konzern erheblich.

Aber die deutschen Militärs wussten die Qualitäten der Tatra-Lastwagen zu schätzen und waren besonders seit Beginn des Zweiten Weltkrieges an schweren, geländegängigen Lastwagen mit Dieselmotoren interessiert. Genau so etwas hatte Tatra mit dem Typ T 81 in der Entwicklung. Nach den wenig erfolgreichen Versuchen mit dem Dieselmotor des Tatra 24/59 orientierte sich Hans Ledwinka an einer MAN-Lizenz und konnte auch einen ehemaligen MAN-Konstrukteur verpflichten. Auf dieser Basis entstand bei Tatra mit dem T 81 ab 1940 hauptsächlich für den Militäreinsatz ein mit 160 PS leistungsstarker Lastwagen mit einem großvolumigen, aber noch wassergekühlten Dieselmotor. Die Zylinder waren V-förmig im Winkel von 90 Grad angeordnet. Aus der parallel weiter betriebenen Entwicklung zur Luftkühlung entstand ab 1942 der Motor des erfolgreichen T 111. Der T 81 verfügte über zwei getriebene Hinterachsen mit Differentialsperren und ein zweistufiges Reduktionsgetriebe. Neben dem Diesellastwagen gab es als T 81H einen Lkw mit Holzgasantrieb sowie den T 81HB mit gemischter Holzgas-Benzin-Bauweise. Insgesamt fertigte Tatra bis 1943 220 Exemplare aller T 81 - Ausführungen.

Von 1940 bis 1945 montierte Tatra mehr als 4.600 Lastwagen, was eine sehr deutliche Steigerung gegenüber den Vorjahren bedeutete. Den größten Anteil daran hatten die bis 1943 gebauten 3.365 Dreitonner der Reihe T 27b, von denen 1.582 mit Holzgasantrieb ausgerüstet waren.

Dazu kamen weitere Rüstungsgüter und bis 1942 auch noch 1.328 Stromlinien-Pkw des Typs T 87, die bei den deutschen Offizieren beliebt waren. Die Auftragsbücher

Auch noch im Kriegsjahr 1941 warb Ringhoffer-Tatra mit seinem umfangreichen Fertigungsprogramm und einer Abbildung des Obus T 86. (Foto: AMH)

T 81	
Bauart:	Lastwagen
Bauzeit:	1939-1942
Motor:	Tatra 81, 8-Zylinder-V-Dieselmotor, wassergekühlt
Hubraum:	12.464 cm³
Leistung:	118 kW (160 PS) bei 2.000 U/min
Getriebe:	(4 + 1) x 2 Gänge (mit Zusatzgetriebe)
L x B x H:	9.030 x 2.500 x 2.750 mm
Radstand:	3.950 + 1.220 mm
Leermasse:	7.800 kg
Nutzmasse:	6.500 kg
Bereifung:	8x20
Höchstgeschwindigkeit:	65 km/h
Bemerkung:	als T 81H: Hubraum 14.726 cm³

Der Dreitonner T 27b war neben der Vergasermotor-Variante auch mit Holzgasantrieb bis 1943 im Tatra-Programm.

bei der Ringhoffer-Tatra AG waren voll, die Kapazitäten ausgelastet und die Gewinne dementsprechend.

Höhepunkt der Lkw-Entwicklung war ab 1942 der T 111 mit luftgekühltem V-12-Dieselmotor, von dem bis 1945 allein 1.490 Stück produziert wurden.

Nach dem Einsatz von luftgekühlten Motoren bei leichten Fahrzeugen brauchte Hans Ledwinka einige Zeit, um diese Bauweise auch für größere Motoren serienreif zu machen. Unter Nutzung der Erfahrungen mit dem großvolumigen, aber noch wassergekühlten Motor des T 81 entstand der luftgekühlte Motor T 103 (auch als V 910 bezeichnet). Die 12 Zylinder wurden im 75-Grad-Winkel angeordnet. Diese Aggregate dienten auch zur Motorisierung anderer Kriegstechnik, wie z.B. schweren Büssing-Panzerspähwagen. Insgesamt sollen dabei 8.500 Stück verbaut worden sein. Ab 1942 wurden mit dem

Der 6,5-Tonner T 81 mit wassergekühltem Dieselmotor und zwei angetriebenen Hinterachsen.

Motor T 103 die ersten Exemplare des schweren Dreiachsers T 111 gefertigt, einem Meilenstein in der Firmengeschichte. Er war robust, anspruchslos, sehr geländegängig und verfügte über eine Druckluft-Bremsanlage. Auf besonders hochwertige Materialien, wie Kupfer, Messing, Bronze und Nickel wurde im Krieg weitgehend verzichtet und manche Teile nur aus Baustahl gefertigt. Zunächst wurden als erste Variante 60 Stück eines Militär-Lastwagens unter der Bezeichnung T 6500/111 montiert, der mit einer Nutzlast von 6,5 Tonnen auf dem T 81 basierte. Wenig später konnte die Tragfähigkeit auf acht Tonnen erhöht werden, was zur Bezeichnung T 8000/111 führte. Die 210-PS-Motoren glänzten noch nicht mit besonderer Lebensdauer, weswegen das Aggregat später überarbeitet und die Leistung auf 180 PS reduziert wurde. Der Motor T 103 war von vornherein als Baukasten ausgelegt. Die geteilte Kurbelwelle und

T 111	
Bauart:	Lastwagen
Bauzeit:	1942-1945
Motor:	Tatra 103, 12-Zylinder-V-Dieselmotor, luftgekühlt
Hubraum:	14.825 cm^3
Leistung:	154,6 kW (210 PS) bei 2.200 U/min
Getriebe:	(4 + 1) x 2 Gänge (mit Zusatzgetriebe)
L x B x H:	8.550 x 2.500 x 2.570 mm
Radstand:	4.750 + 1.220 mm
Leermasse:	8.460 Kg
Nutzmasse:	8.000 kg
Bereifung:	9x20 (vorn), 10x20 (hinten)
Höchstgeschwindigkeit:	75 km/h
Bemerkung:	zuschaltbarer Vorderachs-Antrieb

Pritschenwagen des T 111 in Wehrmachtsausführung ab dem Jahr 1942.

die einzelnen Zylinder konnten auch für Motoren mit 4, 6 und 8 Zylindern kombiniert werden, was aber erst nach dem Kriegsende weiter verfolgt wurde. Die Optik des T 111 änderte sich infolge der Rohstoffverknappung im Zweiten Weltkrieg. Zunächst wurden die Holzrahmen der Fahrerhäuser mit Blech beplankt, dann kamen beim T 111 reine Holzkabinen zum Einsatz, die sogar noch nach dem Kriegsende ihren Dienst taten.

Mit allen Modifikationen blieb der T 111 zwanzig Jahre im Programm und war mit gesamt 33.691 Exemplaren einer der erfolgreichsten und bekanntesten Tatra-Lkw überhaupt.

Sonderausführung des Tatra T 111 mit Werkstattkoffer-Aufbau von 1944.

Hans Ledwinka und das Tatra-Konzept

Wohl selten ist die Person eines Konstrukteurs und leitenden Angestellten mit einem Unternehmen über nahezu sein ganzes berufliches Leben so eng verbunden gewesen wie bei Hans Ledwinka und der Firma Tatra.

Geboren wurde Hans Ledwinka am 14.2.1878 als Sohn eines Gastwirts in Klosterneuburg bei Wien. Nach einer Schlosserlehre erlangte er 1897 den Abschluss der Werkmeisterschule in Wien. Sein Interesse an der Eisenbahn führt ihn schon kurz danach als jungen Konstrukteur in die Nesselsdorfer Wagenbau-Fabriks-Gesellschaft (NW), wo er zunächst bei der Montage der Mechanik und Kraftübertragung des ersten Pkw »Präsident« mitwirken konnte. Das prägte sein Verhältnis zum neuen Verkehrsmittel Automobil offensichtlich sehr stark.

Direktor Fischer von Rösslerstamm war auf den jungen Mann aufmerksam geworden und betraute ihn 1899 mit Konstruktionsarbeiten an einem Vierganggetriebe für die nächsten NW-Personenwagen. Im Jahr 1900 folgte in nur fünf Wochen die Konstruktion eines Rennwagens, den Baron von Liebieg in Auftrag gegeben hatte. Das Fahrzeug wich mit seinem Leiterrahmen von der bisherigen Kutschenform deutlich ab und Hans Ledwinka konnte sein Gefühl für einfache und zweckmäßige konstruktive Lösungen unter Beweis stellen. Allerdings verlief die Automobilfertigung in Nesselsdorf recht schleppend. Als es auch noch zu Meinungsverschiedenheiten mit dem Werkstattleiter Leopold Svitak kam, folgte Hans Ledwinka 1902 einem Angebot der Wiener Firma von Alexander Friedmann. Dort war er am Bau eines von Richard Knoller entwickelten Dampfkraftwagens beteiligt. Dabei konnte er auch Erfahrungen beim Einbau von Vorderradbremsen sammeln.

Allerdings ließ Hans Ledwinka seinen Draht nach Nesselsdorf nie ganz abreißen. Und als Direktor Fischer von Rösslerstamm ihm 1905 die Leitung der NW-Automobilabteilung anbot, zögerte Ledwinka nicht lange. Nun unterstand ihm nicht nur die Konstruktion, sondern er hatte auch Einfluss auf die Fertigung der Fahrzeuge. Ledwinka erkannte, dass die Nesselsdorfer Automobile dringender Erneuerung bedurften und er widmete sich mit Elan dieser Aufgabe. So begann er u.a. mit der Konstruktion eines Motors für den Pkw-Typ S. Die Ergebnisse waren bemerkenswert. Die Aggregate mit vier und sechs Zylindern verfügten über obengesteuerte Ventile, halbkugelförmige Brennräume und waren mit dem Getriebe in einem Block verbunden. Die Hinterachse wurde bereits mit einer Kardanwelle angetrieben.

Nach dem altersbedingten Ausscheiden von Direktor Hugo Fischer von Rösslerstamm hatte Erhard Kölbel die Geschäfte übernommen, der aus seiner Vorliebe zur Eisenbahn keinen Hehl machte. Nach dem Beginn des

Die Montage des »Präsident« wurde mit dieser Aufnahme in Nesselsdorf werbewirksam in Szene gesetzt. Bei dem unter dem Auto Knieenden soll es sich wohl um Hans Ledwinka handeln.

Hans Ledwinka am Steuer eines um 1912 gebauten NW-Typ S 20/30. Neben ihm Direktor Pasching, der ihn 1921 von Steyr nach Koprivnice zurückholte.

Ersten Weltkrieges war der Absatz von Nesselsdorfer Lastwagen deutlich angestiegen. Trotzdem entschied sich Kölbel, die Gewinne weiter in den Waggonbau zu investieren. Darüber war Hans Ledwinka so verärgert, dass er sich 2016 entschloss, Nesselsdorf zum zweiten Mal zu verlassen. Er folgte einem Angebot der Österreichischen Waffenfabrik in Steyr, die Leitung der Konstruktionsabteilung des neu errichteten Automobilwerks zu übernehmen.

Innerhalb weniger Monate konnte Ledwinka dort einen ersten Pkw-Prototyp vorstellen und 1920 begann bei Steyr die Serienfertigung des »Waffenauto Typ II«. Eigentlich hatte Ledwinka danach vor, für Steyr einen preisgünstigen Kleinwagen zu entwickeln, konnte die Unternehmensleitung aber nicht davon überzeugen. Trotzdem reiften bei ihm zu dieser Zeit bereits erste Vorstellungen eines Chassis mit Rohrträger und gelenklosem Antrieb der Pendelachse sowie luftgekühltem Frontmotor. Ledwinka hatte großen Anteil daran, bei Steyr trotz der politischen und wirtschaftlichen Probleme nach dem Ersten Weltkrieg aus der Waffenfabrik eine Automobilfertigung zu entwickeln.

Aber auch in Nesselsdorf hatte es Veränderungen gegeben. Das Unternehmen leitete nun Leopold Pasching, der die Bedeutung der Automobilsparte offensichtlich realistischer einschätzte als sein Vorgänger und 1921 eine neue Halle für diese Fertigung in Betrieb nahm. Im selben Jahr 1921 erhielt Hans Ledwinka, der Koprivnice nur aus Frust über die Firmenstrategie verlassen hatte, das Angebot als Chefkonstrukteur und Technischer Direktor der Automobilfertigung zurückzukommen. Er hing an diesem Unternehmen und ihn reizte die Aufgabe, die Technik und Fertigung der inzwischen als »Tatra«

Fahrgestell des T 11 aus dem Jahr 1923 mit Zentralrohrrahmen und hinteren Pendelachsen.

Eines der 3.687 Exemplare des erfolgreichen Tatra T 11 ist im Technischen Nationalmuseum Prag zu sehen. (Foto: MDü)

bezeichneten, aber in die Jahre gekommenen Fahrzeuge wieder voran zu bringen. Hans Ledwinka prägte von da an die wirtschaftliche und technische Entwicklung des Unternehmens für mehr als zwei Jahrzehnte wesentlich.

Allerdings erwarteten ihn in Nesselsdorf, das nun Koprivnice hieß, deutlich veränderte Rahmenbedingungen. Das Werk lag jetzt in der 1918 neu gegründeten Tschechoslowakei. Drei Viertel der Belegschaft sprachen tschechisch. In den Führungsetagen sah das Verhältnis umgekehrt aus. Arbeitsunterlagen wurden zweisprachig erstellt. Hans Ledwinka hatte immer stolz an seiner österreichischen Staatsbürgerschaft festgehalten und sprach grundsätzlich deutsch. Das hielt ihn aber nicht davon ab, kooperativ zu sein und gute Leistungen seiner Mitstreiter anzuerkennen, unabhängig von ihrer Nationalität.

Bei seiner ersten Neukonstruktion, dem einfachen, aber robusten Pkw Tatra 11 von 1923 verwirklichte Hans Ledwinka nun seine schon in Steyr erdachte Grundkonzeption. Beim T 11 befand sich die Motor-Getriebe-Einheit in einer mittragenden Leichtmetallwanne, die mit dem Tragrohr verschraubt war. Die vordere Querblattfeder war an dieser Wanne befestigt. Die gelenklose Antriebswelle lief im Inneren des Tragrohres und reichte bis zu einem Stirnrad-Differential. Von dort aus erfolgte der Antrieb über zwei spiralverzahnte Trieblinge direkt auf die beiden Tellerräder für die schwingenden Halbachsen. Das Gehäuse des Hinterachsantriebs bestand aus Aluminium und nahm die Halterung der Querblattfeder auf.

Weder der Zentralrohrrahmen, noch die Schwingachsen oder die Luftkühlung waren an sich Erfindungen von Hans Ledwinka. Aber er hatte diese bestimmenden Komponenten bei der Konstruktion des Tatra T 11 erstmals zusammengeführt.

Bei den Personenkraftwagen arbeitete Hans Ledwinka in den Folgejahren zweigleisig. Er führte sowohl die mit dem T 11 begonnene Entwicklung fort und entwarf wei-

Auf der Berliner Automobilausstellung 1939 entstand diese Aufnahme eines Tatra T 87, bei dem sowohl die formschöne Karosserie, wie auch der 8-Zylinder-Heckmotor besonders ins Bild gesetzt wurden.

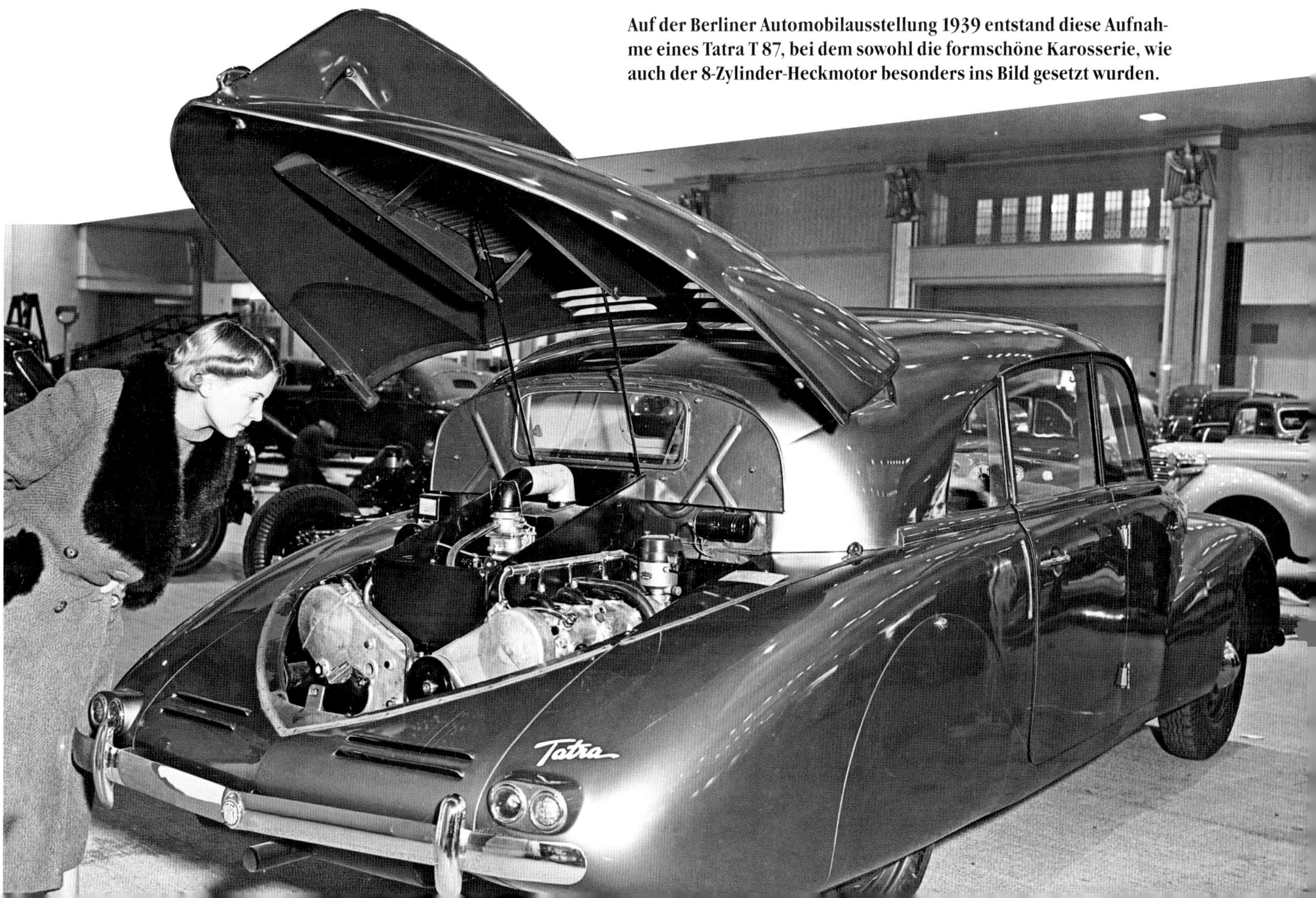

Der noch museal erhaltene Prototyp V 570 nahm 1933 nicht nur die Merkmale des späteren Volkswagens vorweg, sondern war später noch Gegenstand juristischer Auseinandersetzungen. (Foto: MDü)

ter robuste, mit luftgekühlten 4-Zylinder-Boxermotoren ausgerüstete Wagen. Parallel dazu entwickelte er auf der Basis der Konzeption mit Zentralrohrchassis und hinteren Schwingachsen auch große, repräsentative Wagen mit wassergekühlten Sechszylinder-OHC-Motoren, die aber nur in überschaubaren Stückzahlen verkauft wurden. Dazu kamen ab 1934 seine damals futuristisch anmutenden Stromlinienwagen des Typs T 77. Diese verfügten über einen luftgekühlten Achtzylinder-V-Motor im Heck, der hinter der Pendelachse saß. Die Karosserie ruhte auf einem Zentralkastenrahmen. In Fortführung dieser Bauweise entstand ab 1936 der legendäre Typ T 87 mit aerodynamischer, selbsttragender Karosserie und 75-PS-Heckmotor, der beachtliche 160 km/h erreichte und letztlich bis 1950 im Programm blieb.

Im Jahr 1930 war Erich Ledwinka, der Sohn des Chefkonstrukteurs als junger Ingenieur zu Tatra gekommen. Im Auftrag seines Vaters befasste er sich zunächst gemeinsam mit Erich Übelacker mit der Entwicklung kleinerer Heckmotorwagen, darunter dem Prototyp V 570. Dieser Wagen nahm 1933 deutliche Merkmale des im Folgejahr von Ferdinand Porsche als Volkswagen-Entwurf gezeigten Typ 32 vorweg. Dies führte ab 1936 zu Patentstreitigkeiten, die für das Unternehmen Ringhoffer-Tatra und auch für Hans Ledwinka persönlich später noch von Bedeutung sein sollten. Seit 1934 hatte Hans Ledwinka die Gesamtleitung bei Tatra übernommen, womit er auch für alle anderen Fertigungszweige, wie den Eisenbahnbau, verantwortlich zeichnete.

Auf die Entwicklungen bei den Tatra-Nutzfahrzeugen und Ledwinkas konstruktive Ansätze wurde bereits eingegangen. Seit dem 1924 vom Pkw T 11 abgeleiteten leichten Lkw T 13, war sein Konzept mit dem verwindungssteifen Zentralrohrrahmen und den unabhängig pendelnden Halbachsen auch die erste Wahl bei der Konzeption größerer Tatra-Fahrzeuge und gipfelte 1942 in der Einführung des schweren Tatra T 111.

Doch bis dahin standen Hans Ledwinka noch unruhige Zeiten bevor. Besonders nach dem Anschluss Österreichs an das Deutsche Reich am 15.3.1938 befanden sich die bei Tatra tätigen Österreicher im Visier der tschechischen Militärs, die wohl um die Loyalität bei der Rüstungsfertigung bangten. Wichtige Mitarbeiter Ledwinkas verließen die Tschechoslowakei, er aber blieb »seinem« Unternehmen treu, wurde aber Anfang September 1938 auf Drängen des Militärs als Chef von

Gut zu erkennen ist die Umsetzung des Tatra-Konzepts beim leichten Lkw T 23/30 von 1929 mit Zentralrohr-Chassis und hinteren Pendelachsen.

Tatra-Werbung mit dem Zentralrohr-Chassis des schwereren Typs T 24.

Hans Ledwinka etwa um 1940.

Tatra beurlaubt. Schwerwiegende politische Ereignisse warfen aber schon ihre Schatten voraus.

Wie schon erwähnt, hatte die durch das Münchner Abkommen ab 30.9.1938 erfolgte Grenzziehung das Tatra-Werksgelände geteilt und die Produktion zum Erliegen gebracht. Auch die Verbindung zur Unternehmenszentrale in Prag war beeinträchtigt. Ledwinka kehrte sofort in den Betrieb zurück und versuchte die Situation zu retten. Ohne höhere Entscheidungen war aber nichts auszurichten. Deshalb reiste er nach Berlin, um eine Grenzverlegung zu erwirken. Nach umfangreichen Verhandlungen gelangte das Anliegen bis in die Reichskanzlei, die zwar die Grenzverlegung zugunsten des Deutschen Reiches zum Ende November 1938 einleitete, aber von Ringhoffer-Tatra eine schmerzhafte Gegenleistung forderte.

Die Patentstreitigkeiten bezüglich des genannten Tatra V 570 und des KdF-Wagens, die inzwischen bereits vor dem Haager Schiedsgericht anhängig waren, mussten zugunsten von Porsches Konstruktion beendet werden.

Das Tatra-Werk in Nesselsdorf konnte als »sudetendeutscher Betrieb« wieder produzieren, büßte dadurch aber zunächst seine tschechoslowakischen Abnehmer ein. Die politische Situation veränderte sich nochmals im März 1939.

Nachdem am 14.3.1939 die Slowakei ihre Unabhängigkeit erklärt hatte, wurde am nächsten Tag die sog. »Rest-Tschechei« von Deutschland faktisch annektiert und zum Protektorat Böhmen und Mähren erklärt, wo man eine begrenzte tschechische Selbstverwaltung einführte. Davon war auch die Ringhoffer-Tatra-Zentrale in Prag betroffen, während Nesselsdorf der Verwaltung des Deutschen Reiches unterstand.

Damit galten nun auch für die Tatra-Automobile die durch das sog. Schell-Programm festgeschriebenen Typenbeschränkungen. Hans Ledwinka war mit seinen Entwicklungsvorstellungen bei den Pkw künftig stark eingeschränkt. Allerdings war nun die Fertigung schwerer Lkw gefragt. Mit Beginn des Zweiten Weltkrieges stand die Rüstungsproduktion im Mittelpunkt, wozu auch die Montage von leichten Kübelwagen gehörte. Hans Ledwinka, der 1941 zum Stellvertretenden Direktor der Ringhoffer-Tatra AG aufrückte, war immer bemüht, die Tatra-Betriebsanlagen auszulasten und die Beschäftigung der Mitarbeiter zu sichern. Die ständigen Anstrengungen bezahlte Hans Ledwinka aber zunehmend mit seiner Gesundheit.

Sehr stolz war er auf die Anerkennung seines Wirkens durch die Verleihung der Ehrendoktorwürde seitens der Technischen Hochschule in Wien im Juni 1944.

Im selben Jahr musste er infolge der Kriegsereignisse zum Firmensitz in Prag übersiedeln, wo er nach dem Einmarsch der Sowjetarmee am 5. Mai 1945 verhaftet wurde. In einer Folge von Prozessen warf man ihm »Kollaboration mit der Besatzungsmacht« vor, wobei ihm besonders seine Bemühungen bei der Grenzverlegung von 1938 angelastet wurden. Hans Ledwinkas Ausführungen, damit den Fortbestand des Werkes sichern zu wollen, das er als sein Lebenswerk betrachtete, zählten nicht. Er wurde zu einer mehrjährigen Haftstrafe verurteilt. Aufgrund seines schlechten Gesundheitszustands wurde er im September 1951 nach Österreich abgeschoben, von wo er 1954 nach München übersiedelte. Dort arbeitete er wieder als Konstrukteur und Berater für verschiedene Fahrzeug-

und Maschinenbaufirmen, wie der Klöckner-Humbold-Deutz AG.

Die Ringhoffer-Erben hatten inzwischen den Urheberstreit mit Volkswagen wieder aufgerollt, der 1965 mit einem Vergleich endete. Davon profitierte Hans Ledwinka aber finanziell nicht, da er die betroffenen Konstruktionen als Angestellter des Unternehmens entwickelt hatte.

Sein Wirken wurde wiederholt geehrt, so 1961 mit dem Österreichischen Ehrenkreuz für Wissenschaft und Kunst 1. Klasse. Eine große Freude bereitete ihm Felix Wankel, mit dem er gut bekannt war. Dieser schenkte Ledwinka eines der bekanntesten Tatra-Fahrzeuge - einen restaurierten Stromlinienwagen des Typs T 87.

Am 2.3.1967 ist Hans Ledwinka in München verstorben. Erst viele Jahre später, am 14.9.1992 ist er vom obersten tschechoslowakischen Gericht vollkommen rehabilitiert worden. Hans Ledwinka wurde 2007 in die Ehrenhalle der European Automotive Hall of Fame in Genf aufgenommen.

Das Ledwinka- oder auch Tatra-Konzept überlebte seinen Erfinder bis heute. Besonders bei schweren Lkw wurde die Bauweise weiterentwickelt und kennzeichnet bis heute die meisten Tatra-Lastwagen.

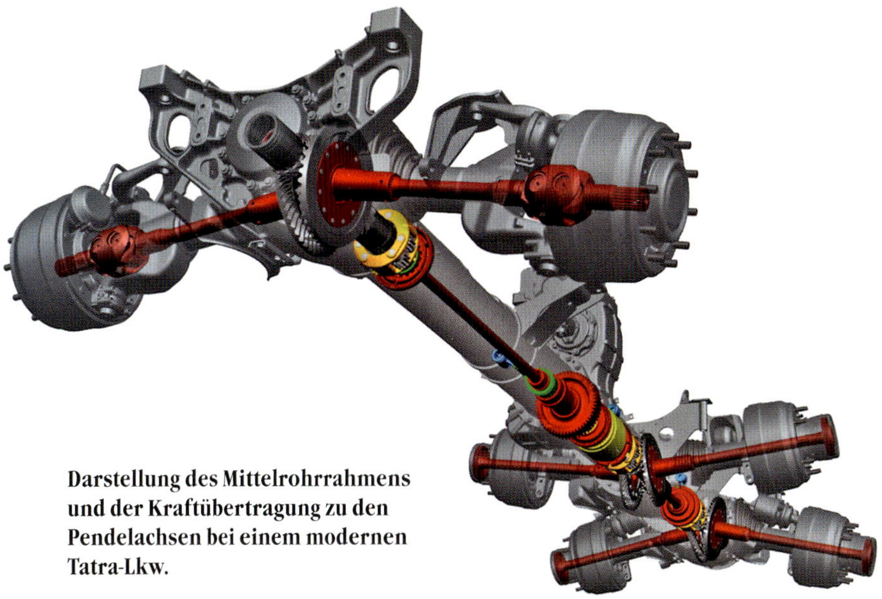

Darstellung des Mittelrohrrahmens und der Kraftübertragung zu den Pendelachsen bei einem modernen Tatra-Lkw.

Hans Ledwinka mit dem Tatra T 87, den er von Felix Wankel geschenkt bekam.

Tatra in der Zeit der Planwirtschaft von 1946 bis 1989

(Foto: ERWE)

Unternehmensentwicklung und Fahrzeuge ab 1946

Am 6. Mai 1945 besetzten sowjetische Truppen Koprivnice, zwei Tage später kapitulierte Deutschland. Unmittelbar danach wurde die Tschechoslowakei in ihren ehemaligen Grenzen einschließlich der Sudetengebiete wiedererrichtet.

Hans von Ringhoffer und Erich Ledwinka wurden in Prag verhaftet. Auch unter den veränderten Bedingungen begannen im Tatra-Werk recht schnell die Vorbereitungen zur Wiederaufnahme der Produktion. Etwa 5.000 Mitarbeiter sollen zu dieser Zeit im Werk beschäftigt gewesen sein. Neben Eisenbahnwaggons wurden bereits 1945 auch einzelne Pkw des Typs T 87 montiert und ab 1946 begann die Automobilfabrik wieder mit der planmäßigen Fahrzeugherstellung. Vom schweren Lkw T 111 konnten in diesem Jahr 225 Stück montiert werden, ebenso wie 194 Fahrzeuge des Dreitonners T 27b, der ab 1947 vom T 114 abgelöst wurde. Auch die Pkw-Fertigung legte wieder zu, zunächst mit dem T 57b mit luftgekühltem Frontmotor. Dazu kamen auch stromlinienförmige Heckmotorwagen, neben dem T 87 ab 1947 auch der T 600, der anlässlich des ersten tschechischen 2-Jahresplans den Namen »Tatraplan« erhielt.

Die Umstellung zur Planwirtschaft hatte erhebliche Auswirkungen auf das Unternehmen Tatra. Die Ringhofer-Tatra AG wurde in Staatseigentum überführt und Tatra firmierte ab März 1946 als Nationalunternehmen (narodni podnik, abgekürzt »n.p.«).

Zunächst blieb die Montage von Eisenbahnwaggons für das Unternehmen die Hauptaufgabe. Die durch den Zweiten Weltkrieg entstandenen Verluste an rollendem Material mussten dringend ersetzt werden. Allerdings erfolgten seit Ende der 1940er Jahre in der tschechoslowakischen Industrie weitreichende organisatorische Veränderungen, in deren Rahmen auch die Automobilindustrie neu strukturiert wurde. Damit erfolgte im Jahr 1951 für das Unternehmen Tatra Koprivnice die staatliche Festlegung, das Firmenprofil auf die Fertigung von Lastwagen zu konzentrieren. Diese Fahrzeuge wurden für den Wiederaufbau des Landes und für das Militär dringend benötigt. Die Tatra-Pkw-Montage verlagerte man für einige Jahre zum Skoda-Werk in Mlada Boleslav. Die Montage von Eisenbahnwaggons lief im Betrieb in Studenka weiter, der vom Tatra-Automobilwerk getrennt wurde.

Ebenfalls im Jahr 1951 gründete man für die Automobilindustrie den staatlichen Außenhandelsbetrieb »Motokov«, über den von da an fast alle Exporte und Importe der Unternehmen dieses Wirtschaftszweigs abgewickelt wurden. Neben dem Handel mit den sozialistischen Ländern ging es auch für Tatra darum, neue Exportmärkte zu erschließen.

Ein noch aus der Kriegsfertigung stammender T 111 mit Holzkabine im Zivileinsatz im Jahr 1951.

Fertigung von Dreiseitenkippern Tatra T 138 S3 im Werk Koprivnice.

Um die Kapazitäten für die Lkw-Produktion zu erhöhen, übernahm Tatra 1951 den ehemaligen Betrieb »Transporta« in Pribor, dem 1958 die slowakischen Standorte Banovce nad Bebravou und Cadca folgten.

Bis zum Anfang der 1960er Jahre bestimmten der überarbeitete T 111 und die davon abgeleitete Zugmaschine T 141 weitgehend das Tatra-Lkw-Programm. Aber auch Dreitonner- Zweiachs-Lkw mit Allradantrieb waren besonders bei der Armee gefragt, was ab 1951 zum T 128, einer verkleinerten Variante des T 111 führte. Sogar Alternativen zum klassischen Tatra-Konzept wurden gesucht, aber letztlich verworfen. Die Vorteile der robusten Zentralrohr-Bauweise überwogen.

Eine Sonderrolle spielte von 1953 bis 1960 der im Auftrag der Armee entwickelte leichte Gelände-Lkw T 805 mit dem Vergasermotor des Pkw-Typs T 603 und zahlreichen, meist militärische Aufbauvarianten. International bekannt wurden sie als Fahrzeuge der Weltreisenden Zikmund und Hanzelka für ihre Expeditionen nach Asien.

Als Nachfolger des in die Jahre gekommenen T 111 lieferte Tatra ab 1959 den deutlich moderneren Hauben-Lastwagen T 138, der seine 180 PS Leistung nun aus acht, anstelle von 12 Zylindern holte. Parallel dazu und besonders auf Anforderung der Armee, entwickelte Tatra schwere Frontlenker-Zugmaschinen, die ab 1967 als Baureihe T 813 das Programm ergänzten. Für die Erprobung unter härtesten Geländebedingungen errichtete Tatra direkt neben dem Werk in Koprivnice ab 1968 ein eigenes, groß dimensioniertes Prüf- und Testgelände.

Ab 1972 kam der T 148 als modernisierter Nachfolger des T 138 ins Angebot. Zu dieser Zeit beeinflusste ein Beschluss des »Rates für gegenseitige Wirtschaftshilfe« (RGW / COMECON) die Unternehmensentwicklung nachhaltig. Im Jahr 1971 hatte der Rat des RGW die Spezialisierung von Tatra auf die Herstellung schwerer Geländefahrzeuge mit 12-16 Tonnen Nutzmasse, hoher Geländegängigkeit und luftgekühlten Motoren festgelegt. Dafür erfolgte die Konstruktion einer völlig neuen, später als T 815 bezeichneten Typenreihe und für deren

Die Baureihen T 148 und T 813 bestimmten bis 1982 das Tatra-Programm.

Blick von der 1968 erbauten Teststrecke auf das Tatra-Werk in Koprivnice. (Foto: MDü)

Fertigung begann der umfangreiche Ausbau der Fertigungskapazitäten auf 15.000 Lastwagen pro Jahr. Insgesamt umfasste das bei laufender Lkw-Produktion 33 einzelne Maßnahmen mit Neubauten und Erweiterungen in Koprivnice und auch in den Zweigwerken. Bereits 1972 hatte Tatra zwei Zulieferwerke in Novy Jicin und im slowakischen Stropkov übernommen. Außerdem wurde der Karosserie-Montagebetrieb in Koprivnice durch ein zentrales Presswerk ergänzt.

Die maschinelle Ausstattung beinhaltete auch umfangreiche Lieferungen westlicher Hersteller. Für die Investitionsfinanzierung erhielt das Tatra-Werk von der RGW-Investitionsbank in Moskau einen Kredit über 77,5 Millionen Rubel, dessen Rückzahlung auch über die Lieferung von Lastwagen an die Sowjetunion erfolgte.

Im Jahr 1982 lief nicht nur der 100.000-ste Lkw T 148 vom Band, sondern es begann auch die Vorserienfertigung des Frontlenkers T 815, der ab 1983 die beide Baureihen T 148 und T 813 ersetzte. Ziviles Volumenmodell

Einer der frühen Serien-Lkw des Typs T 815 S3 auf Testfahrt in Koprivnice im Juni 1983. (Foto: MDü)

des T 815 wurde der Dreiseitenkipper. Besonders durch die umfangreichen Lieferungen in die Sowjetunion und an militärische Kunden stieg der jährliche Produktionsausstoß in den 1980er Jahren tatsächlich auf die projektierte Größe von 15.000 Einheiten. Die Baureihe T 815 und ihre Weiterentwicklungen bestimmten bis weit nach 1990 die Tatra-Fertigung. Besonders Publikums- und werbewirksam waren seit 1986 die Teilnahmen von Tatra-Rallye-Lkw an schweren Geländewettbewerben wie der Rallye Dakar, die 1988 in der Kategorie »Trucks«erstmals von Tatra gewonnen werden konnte.

Tatra-Rallye-Fahrzeuge dienten oft als Blickfang auf Messen, wie hier in Brno 1998. (Foto: MDü)

Baureihe T 111 - T 141

Mit dem Achttonner T 111 von 1942, anfangs noch mit dem Motor T 103 ausgerüstet, hatte zunächst auch wieder die Nachkriegsfertigung von Tatra-Lastwagen begonnen.

Sehr schnell wurde aber nun der bisher nicht sehr standfeste Motor umfassend überarbeitet und danach als Typ T 111 A bezeichnet. Die Wärmeverluste des Aggregats und der Kraftstoffverbrauch konnten gesenkt werden, ebenso die Lärm- und Abgasemissionen. Mit dem Ziel einer größeren Serienfertigung wurde das Material der Zylinderköpfe und die Brennraumgestaltung erneuert und der Lüfterantrieb geändert. Der 12-Zylinder-V-Motor T 111 A bot die Basis einer Baureihe verschiedener Aggregate mit vier und acht Zylindern, die u.a. bei Eisenbahntriebwagen, leichteren Tatra- und Praga-Lkw und auch beim Heckmotorbus T 500 HB zum Einsatz kamen.

Nach der Entscheidung von 1951 zur Spezialisierung des Tatra-Werkes auf überwiegend schwere Lastwagen, stiegen die Fertigungszahlen deutlich, von 458 Stück des T 111 im Jahr 1951 auf etwa 3.000 jährlich ab 1953. Dazu wurde der Lkw überarbeitet und ab 1952 als T 111 R (R = rekonstrukce) angeboten. Dabei konnte die Nutzmasse auf 10 Tonnen erhöht werden. Äußerlich veränderte sich der T 111 R durch den Einsatz einer Ganzstahlkabine mit leicht nach vorn geneigten Frontscheiben, die vom Lkw-Typ T 128 stammte. Allerdings wurde

Ein meisterlich restaurierter Tatra-Kipper des Typs T 111 S-2, allerdings mit Ganzstahlkabine. (Foto: ERWE)

die Vorgängerausführung der Kabine mit blechverschaltem Holzgerippe bei einigen Varianten, wie dem Kipper T 111 S über mehrere Jahre parallel weiter angeboten.

Das kräftige Zentralrohrfahrgestell des T 111 R bot unter Einsatz von Hilfsrahmen eine gute Basis für verschiedene Aufbauvarianten. Es gab Pritschenwagen in Zivil- und Militärausführung (auch mit Winde), Kipper, Tankwagen, Kräne und Bagger. Sogar ein Prototyp mit Omnibusaufbau von 1947 und Feuerwehrfahrzeuge sind dokumentiert. Hauptexportkunde beim T 111 war die Sowjetunion, die besonders für Baustellen in Sibirien 8.200 Stück der insgesamt 33.691 produzierten Lkw dieses Typs erhielt.

T 111 R	
Bauart:	Lastwagen
Bauzeit:	1952-1962
Motor:	T 111 A, 12-Zylinder-V-Dieselmotor, luftgekühlt
Hubraum:	14.825 cm³
Leistung:	132,5 kW (180 PS) bei 1.800 U/min
Getriebe:	(4 + 1) x 2 Gänge (mit Zusatzgetriebe)
L x B x H:	8.300 x 2.500 x 2.680 mm
Radstand:	4.175 + 1.220 mm
Leermasse:	8.400 kg
Nutzmasse:	10.240 kg
Bereifung:	11.00 x 20
Höchstgeschwindigkeit:	61 km/h
Bemerkung:	als T 111 NR mit Winde

Ein T 111 R als Armeepritschenwagen mit Ganzstahlkabine auf Probefahrt.

Werbeprospekt für das Grundmodell T 111 R und den Kipper T 111 S.

Fahrzeugpräsentation "auf der grünen Wiese" 1958 beim Importbetrieb Automot Heidenau, dabei auch ein Tatra T 111 R mit Kranaufbau und eine Zugmaschine T 141.

Bereits ab 1947 hatte Tatra, besonders für den Einsatz auf Großbaustellen, das Typenprogramm um den Dreiseitenkipper T 111 S mit blechausgeschlagener Holzpritsche ergänzt. Der Kipperaufbau erfolgte mittels eines Hilfsrahmens auf dem Zentralrohrchassis. Zunächst kam nur ein Kipp-Hydraulikzylinder zum Einsatz. Vom Grundmodell T 111 R übernahm die Kippervariante

Beim Bau des neuen Sozialgebäudes für den Nahverkehr in Cottbus kam 1968 auch ein Tatra T 111 R mit Baggeraufbau zur Beladung von IFA-Kippern G5 zum Einsatz. (Foto: Archiv Cottbusverkehr) ⇦⇧

Ein Tatra T 111 R mit Kranaufbau HSC5 bei der Bergung einer Straßenbahn in Bratislava im Januar 1977. (Foto: MH)

Ein Werbeprospekt für den Kipper T 111 S.

Der ab 1947 gebaute Kipper T 111 S verfügte zunächst nur über einen Kippzylinder.

zwar die Serienverbesserungen, allerdings behielt der T 111 S noch über mehrere Jahre das Fahrerhaus mit Holzrahmen.

Zur Messe in Brno 1956 stellte Tatra die Weiterentwicklung T 111 S-2 vor. Im Unterschied zum Ausgangstyp hatte er einen verkürzten Radstand, verfügte aber über einen Ganzmetall-Kippaufbau. Zur Erhöhung der Kippgeschwindigkeit dienten nun doppelte Kippzylinder, die von zwei Ölpumpen bewegt wurden, wodurch allerdings die Leermasse anstieg.

Neben dem Typ T 111 S bot Tatra ab 1957 noch eine zweite Kippervariante unter dem Typenkürzel T 147 DC 5 an, wobei DC für »Dumpcar« stand. Bereits 1949 hatte Tatra aus dem T 111 unter der Bezeichnung V 990 den Prototyp einer Sattelzugmaschine mit stark verkürztem Radstand für den Transport von Kühlaufliegern entwickelt. Zu einer Serienfertigung kam es jedoch nicht. Von dieser Konstruktion leitete man das Chassis T 147 ab, natürlich mit robustem Zentralrohrrahmen, Allradantrieb und Differentialsperren. Mit Unterstützung eines Industrie-Instituts in Brno entstand auf dieser Basis der wendige Hinterkipper T 147 DC 5 mit besonders robuster Kippmulde, gut geeignet für den Einsatz in Steinbrüchen. Die Mulde fasste 5 m³ und wurde von zwei Hydraulikzylindern bewegt. Dem Schutz der Fahrerkabine diente ein weit vorgezogener Schutzschild.

Den Prototyp fertigte das slowakische Tatra-Werk in Banovce nad Bebravou. Die Produktionsangaben zu diesem Typ sind etwas widersprüchlich. Die Chassis kamen wohl aus Koprivnice. Die Montage der Kipperaufbauten erfolgte von 1957 bis 1961 durch die slowakischen Firma PPS (Podpolianske Strojárne) Detva. Präsentationen des T 147 DC 5 auf internationalen Messen und fremdsprachige Prospekte belegen die Exportaktivitäten. Von 1959 bis 1961 wurden allein in die DDR 30 Kipper geliefert und einzelne waren auch in Spanien im Einsatz.

Auf Anforderung der Armee entwickelte Tatra unter der Bezeichnung T 111 C als Spezialvariante einen Treibstoff-Tankwagen. Im Unterschied zum Basistyp verfügte der T 111 C über einen auf dem Zentralrohr aufgesetzten Tragrahmen, auf dem der Tankaufbau montiert wurde. Diesen Aufbau steuerte die Firma BSS in Brandys nad Labem bei. Der Tankbehälter für insgesamt 7.000 Liter hatte einen ovalen Querschnitt und war in drei Kammern unterteilt, die 1 x 2.200 Liter und 2 x 2.400 Liter fassten. In den seitlich am Tankbehälter montierten, großvolumigen Kästen waren Pumpen, Messgeräte und spezifische Ausrüstungen untergebracht. Die Förderpumpe

Auf diesem Prospekt des ab 1956 gebauten Kippers T 111 S-2 sind die doppelten Kippzylinder und die Metall-Kipp-Pritsche gut zu erkennen.

T 147 DC 5	
Bauart:	Hinterkipper
Bauzeit:	1957-1961
Motor:	T 111 A, 12-Zylinder-V-Dieselmotor, luftgekühlt
Hubraum:	14.825 cm³
Leistung:	132,5 kW (180 PS) bei 1.800 U/min
Getriebe:	(4 + 1) x 2 Gänge (mit Zusatzgetriebe)
L x B x H:	6.150 x 2.530 x 2.680 mm
Radstand:	2.900 + 1.220 mm
Leermasse:	9.655 kg
Nutzmasse:	10.000 kg
Bereifung:	11.00 x 20
Höchstgeschwindigkeit:	61 km/h
Bemerkung:	Fertigung ca. 500 Stück

Titelbild eines Exportprospekts von Motokov zum Muldenkipper T 147 DC 5.⇦

Ein gut restaurierter T 147 DC 5 bei einer Veranstaltung in Tschechien. (Foto: ERWE)

Dieser restaurierte Tankwagen T 111 C wurde vom Tatra -Werk zur Messe in Brno 1997 ausgestellt. (Foto: MDü)

hatte eine Saugleistung von 400 Litern pro Minute. Mit dem T 111 C waren nicht nur der Kraftstofftransport möglich, sondern auch das Umfüllen aus Kesselwagen sowie die Betankung von Flugzeugen.

Unter der Bezeichnung HSC5 hatte Tatra diese Variante des T 111 mit einem Fünftonner-Autokranaufbau im Programm. (Foto: ERWE)

Da in der Tschechoslowakei, wie auch in anderen Ostblock-Staaten, schwere Straßenzugmaschinen aus eigener Herstellung zunächst fehlten, lag es nahe, dass sich Tatra bei der Entwicklung aus den Komponenten des T 111 bediente. Zur Messe in Brno 1955 konnte der Typ Tatra T 141 zum Schleppen von Lasten bis 100 Tonnen erstmals gezeigt werden. Die klassische Tatra-Bauform

T 141 A	
Bauart:	Schwerlastzugmaschine 6x6
Bauzeit:	1957 - 1970
Motor:	T 111 5A,, 12-Zylinder-V-Dieselmotor, luftgekühlt
Hubraum:	14.825 cm³
Leistung:	136 kW (185 PS) bei 2.000 U/min
Getriebe:	(5 +1) x 2 Gänge, mit Zusatzgetriebe
L x B x H:	7.450 x 2.500 x 2.600 mm
Radstand:	3.500 + 1.220 mm
Leermasse:	12.140 kg + 5.500 kg Ballast
Nutzmasse:	Anhängemasse bis 100.000 kg
Bereifung:	11.00-20
Höchstgeschwindigkeit:	38 km/h
Bemerkung:	als Typ T 141 B: Anhängemasse: 50.000 kg

Prospekt für den T 141 als robuste Zugmaschine für Anhänger bis zu 100 Tonnen.

mit Zentralrohrrahmen und Pendelachsen war obligatorisch. Nur anfangs kam der Motor T 111 A8 mit 180 PS zum Einsatz, später beim T 141 A der Motor T 111 A5 (185 PS). Dem vierstufigen Wechselgetriebe war ein zweistufiges Reduktions- und Verteilergetriebe zugeordnet. Zu den beiden, permanent angetriebenen Hinterachsen konnte der Vorderachsantrieb zugeschaltet werden. Beim Grundtyp gab es Reduktionsgetriebe in den Radnaben. Die Zughaken vorn und hinten waren durch Blattfedern abgefedert. Eine Seilwinde mit 11.000 kp Zugkraft wurde vom Zusatzgetriebe über eine Gelenkwelle angetrieben. Wasserdurchfahrten bis 80 cm Tiefe waren möglich. Der T 141 verfügte über eine viertürige Kabine für den Fahrer und sieben Begleitpersonen sowie eine Ballastpritsche.

Eine Montage von 100 Stück startete 1957 zunächst noch im Stammbetrieb in Koprivnice. Die Serienfertigung wurde aber ab April 1958 ins Tatra-Zweigwerk

Zwei T 141 als Schlepper im Doppelpack, wie hier bei einer Präsentation, dürften in der Praxis wohl die Ausnahme gewesen sein.

Mit einem T 141 als Schlepper eines Hartgummi-bereiften Culemeyer-Straßenrollers kamen bei der Deutschen Reichsbahn in der DDR die meisten Waggons zu den Kunden ohne Gleisanschluss.

Banovce nad Bebravou in der Slowakei verlagert.

Ab 1960 gab es auch die Ausführung T 141 B ohne Reduktion in den Radnaben, womit nur 50 Tonnen geschleppt werden konnten. Insgesamt wurden 4.981 Stück des Typs T 141 zwischen 1957-1970 montiert, wovon über 50 Prozent in den Export gingen. Auch die DDR gehörte zu den wichtigen Kunden. Bei der Deutschen Reichsbahn dienten die T 141 im Verbund mit Culemeyer-Straßenrollern zum Transport von Güterwaggons.

Die Ablösung für den T 141 kam bei Tatra schrittweise ab 1967 mit der Einführung der Frontlenker-Zugmaschinen-Baureihe T 813.

Eine gut restaurierte Zugmaschine T 141 mit Schwerlastanhänger bei einem Oldtimertreffen in Tschechien. (Fotos auf Doppelseite: ERWE)

Zweiachser-Lkw-Typen T 114 / T 115 / T 128

Um den Bedarf an leichteren Pritschen-Lkw besser zu decken, brachte Tatra als Nachfolger des beliebten, seit 1940 gebauten Typs T 27b zunächst 1947 den zweiachsigen Dreitonner T 114 heraus, dem 1948 der Typ T 115 mit etwas größerem Radstand folgte. Beide Modelle waren nun mit dem luftgekühlten Vierzylinder-Dieselmotor-Typ T 114 ausgerüstet. Allerdings brachte dieses Aggregat, welches vom großen V-12-Zylinder-Diesel des schweren Lkw T 111 abgeleitet war, einen deutlichen Nachteil mit sich. Die Ölwanne lag sehr tief, wodurch nur eine Bodenfreiheit von 190 mm gegeben war. Auch die Böschungswinkel vorn und hinten gerieten recht klein. Damit waren die Wagen im Gelände nur beschränkt einsetzbar. Dem versuchte man beim T 115 mit größeren Reifen zu begegnen, was aber nur unwesentliche 10 mm mehr Bodenfreiheit und damit praktisch keinen Erfolg brachte. Im Gegensatz zum T 114 hatte der T 115 hinten Einzelbereifung. Nach 407 Stück des T 114 und 602 Exemplaren vom T 115 wurde die Fertigung nach nur zwei Jahren wieder eingestellt.

Besonders nach den Erfahrungen mit den Typen T 114 / T 115 und ihrer eingeschränkten Bodenfreiheit, geriet die typische Tatra-Bauart in die Kritik. Für leichtere Fahrzeuge suchten die Tatra-Konstrukteure ab 1948 nach Alternativen zum stabilen, aber auch schweren Zentralrohrrahmen und den Pendelachsen.

Ergebnis der Entwicklungen war eine Frontlenker-Baureihe. Der erste Prototyp des als T 116 bezeichneten Pritschenwagens mit 6 Tonnen Nutzmasse soll 1949 fer-

Der T 128 wurde ab 1951 vorzugsweise an die tschechoslowakische Armee geliefert. (Foto: ERWE)

Der T 114 mit luftgekühltem Dieselmotor, der nur 1947 / 1948 gebaut wurde. (Foto: TMT)

T 114	
Bauart:	Lastwagen
Bauzeit:	1947-1948 (1948-1949)
Motor:	Tatra 114, 4-Zylinder-Dieselmotor, luftgekühlt
Hubraum:	4.940 cm³
Leistung:	47,8 kW (65 PS) bei 2.000 U/min
Getriebe:	4 + 1 Gänge
L x B x H:	6.450 (6.780) x 2.350 (2.150) x 2.300 mm
Radstand:	3.500 mm (4.000 mm)
Leermasse:	3.750 kg
Nutzmasse:	3.000 kg
Bereifung:	7,25x20 (6,00x20)
Höchstgeschwindigkeit:	60 km/h
Bemerkung:	Klammerwerte für T 115

tiggestellt worden sein, andere Quellen sprechen von 1952. Die Konzeption beinhaltete einen klassischen U-Profil-Rahmen, Starrachsen an halbelliptischen Blattfedern und luftgekühlte Dieselmotoren mit 6 oder 8 Zylindern, die unterflur hinter der Kabine angeordnet waren. Geplant war eine Typenreihe, die Zwei- und Dreiachser umfassen sollte, bestehend aus Pritschenwagen, Kippern und einer Sattelzugmaschine.

Aber die Fertigungskapazitäten bei Tatra wurden für die schweren T-111-Typen benötigt. Dazu kam zu dieser Zeit eine Neuorganisation der tschechoslowakischen Automobilindustrie, die die mittelschweren Lastwagen den nordböhmischen Betrieben von Skoda-LIAZ zuordnete. Dies bedeutete letztlich das Aus für die alternativen Tatra-Prototypen.

Nach der Produktionseinstellung der Typen T 114

Eines der wenigen Fotos des Frontlenker-Prototyps T 116 mit Leiterrahmen und Unterflur-Dieselmotor.

/ 115 forderte die tschechoslowakische Armee sehr schnell die Neuentwicklung eines Dreitonners, wobei eine Ableitung vom T 111 nahelag, um eine möglichst hohe Vereinheitlichung von Bauteilen zu erreichen. Der 1951 eingeführte robuste T 128 verfügte über zwei Achsen, hatte ein 5-Ganggetriebe mit zweistufigem Zusatzgetriebe sowie Differentialsperren. Die Steigfähigkeit betrug beachtliche 61 Prozent.

Der 130-PS-V-Motor T 108 basierte auf dem Antriebsaggregat des größeren T 111, hatte aber nur 8 Zylinder. Es gab Ausführungen des T 128 als Pritschen- und Mannschaftswagen, Tanker und Werkstattwagen. Zum Einsatz kam eine Ganzstahlkabine mit leicht nach vorn geneigten Frontscheiben, um Spiegelungen zu vermeiden. Dieses Fahrerhaus übernahm ab 1952 auch der T 111 R. Ein deutlicher Nachteil des T 128 war sein hohes Eigengewicht. Nur als Prototyp ausgeführt wurde 1951 eine 3-achsige Variante des T 128 unter der Bezeichnung T 130. Nach mehr als viertausend Lastwagen lief 1953 die Fertigung des T 128 bei Tatra aus. Der Armeebedarf an leichteren Lkw wurde von da an durch Praga-Lastwagen des Typs V 3 S gedeckt, die auch mit luftgekühlten Tatra-Motoren bestückt waren.

T 128	
Bauart:	Lastwagen
Bauzeit:	1951-1952
Motor:	T 108, 8-Zylinder-V-Dieselmotor, luftgekühlt
Hubraum:	9.848 cm³
Leistung:	95,7 kW (130 PS) bei 2.000 U/min
Getriebe:	(5 + 1) x 2 Gänge (mit Zusatzgetriebe)
L x B x H:	6.475 x 2.270 x 2.850 mm
Radstand:	3.950 mm
Leermasse:	6.360 kg
Nutzmasse:	3.000 kg
Bereifung:	10x20 oder 12x20
Höchstgeschwindigkeit:	82 km/h
Bemerkung:	4.060 Stück produziert

Ein T 128 Militär-Pritschenwagen bei einer tschechischen Oldtimer-Veranstaltung im Jahr 2018. (Foto: Adam Hauner / CC BY-SA 4.0)

Ein ausgemusterter T 128 Militärtankwagen, abgestellt 1984 im tschechischen Dvur Kralove. (Foto: Vlastimil Novotny)

Der 8-Zylinder-V-Dieselmotor vom Typ T 108 wurde besonders im Lkw T 128 eingesetzt. (Foto: ERWE)

Leichte Gelände-Lkw T 805

Traditionell hatten auch schon vor 1945 leichte Militärfahrzeuge zum Tatra-Fertigungsprogramm gehört. Daran knüpften die Entwicklungsaufträge für die Ausrüstung der tschechoslowakischen Armee nach 1945 an. In deren Folge entstand von 1949 bis 1955 eine ganze Anzahl von Typen. Unter den Bezeichnungen T 801 bis T 810 konzipierten die Tatra-Konstrukteure verschiedene geländegängige Personenwagen und leichte Lkw. Dazu gehörte 1950 auch der Geländewagen T 803 mit klassischen Tatra-Fahrwerksmerkmalen, wie Zentralrohrrahmen, Pendelachsen und Reduktion in den Radnaben. Auch wenn die Serienfertigung des T 803 aufgrund seines hohen Gewichts verworfen wurde, so diente er doch als Basis für die Entwicklung des Typs T 805 mit Frontlenkerkabine und deutlich höherer Tragfähigkeit. Zu seinen weiteren Merkmalen zählten Allradantrieb, kurzer Radstand, große Bodenfreiheit, Differentialsperren und Reduktionsgetriebe.

Weil die Entwicklung eines speziellen Antriebsaggregats kurzfristig nicht zu realisieren war, nutzte Tatra den V8-Zylinder-Vergasermotor T 603 A aus dem Pkw-Typ T 603. Allerdings erfolgte im Unterschied zum Pkw die Kühlung beim T 805 mittels zwei Axiallüftern, die die Luft zwischen die Zylinderreihen drückten, was zum typischen pfeifenden Geräusch beim T 805 führte. Das ursprüngliche Dreiganggetriebe wurde sehr bald durch eine unsynchronisierte Viergangvariante mit zweistufigem Zusatzgetriebe ersetzt. Die unabhängig pendelnden Halbachsen federten vorn und hinten mit Drehstäben.

Die kleinen, wendigen und sehr geländegängigen T 805 waren bei den tschechoslowakischen freiwilligen Feuerwehren oft anzutreffen. (Foto: MH)

Die wohl bekannteste Variante des T 805 war die Militärpritsche mit Plane und Spriegel.

T 805 mit angehängter Gulaschkanone neben einer sogenannten Bereitschaftsvariante des Skoda 1101 P. (Foto: ERWE)

Für die Montage der Ganzmetallkabine und der verschiedenen Aufbauten auf dem Zentralrohr diente ein rechteckiger Hilfsrahmen.

Um den Anforderungen der Armee genügen zu können, montierte man von 1953 bis 1955 den T 805 nicht nur bei Tatra in Kopřivnice, sondern auch bei AZNP in

Restauriertes Exemplar der Fallschirmjäger-Version des T 805 mit Stoffdach und klappbarer Windschutzscheibe. (Foto: KapitanT / CC BY-SA 3.0)

Mlada Boleslav. Danach übernahm der Betrieb ZVIL Plzen die Fertigung. Die Aufspaltung und Verlagerung der Fertigung war der Qualität wohl nicht dienlich. Im Jahr 1960 kam das Ende des T 805. An allen drei Standorten sind insgesamt 13.624 Fahrzeuge montiert worden, davon allein 7.214 in Plzen.

Die tschechoslowakische Armee setzte besonders Pritschenwagen mit hohen Seitenwänden sowie Kastenaufbauten als Sanitäts- und Funkwagen ein. Dazu kamen einige Tankwagen und eine Fallschirmjäger-Version mit Stoffdach und klappbarer Windschutzscheibe. Neben einer ganzen Reihe von Feuerwehren auf der Basis von

Ein historisch erhaltener Armee-T 805 mit Kofferaufbau. (Foto: ERWE)

umgerüsteten Pritschen- und Kofferwagen gab es auch eine Anzahl ziviler Aufbauvarianten des T 805, wie zum Beispiel Kastenwagen und Kleinbusse. International bekannt wurden die speziell ausgerüsteten Expeditionsfahrzeuge der Weltreisenden Zikmund und Hanzelka. Sie nutzten die T 805 für ihre Expedition nach Asien von 1959 bis 1964. Zwei dieser Fahrzeuge befinden sich in der Tatra-Werkssammlung.

T 805	
Bauart:	Leicht-Lkw
Bauzeit:	1953-1960
Motor:	T 603 A (T 603 F für Expedition) 8-Zylinder-V-Vergasermotor, luftgekühlt
Hubraum:	2.545 cm^3
Leistung:	55 kW (75 PS) bei 4.200 U/min
Getriebe:	(4 + 1) x 2 Gänge (mit Zusatzgetriebe)
L x B x H:	4.720 x 2.195 x 2.610 mm
Radstand:	2.700 mm
Leermasse:	2.750 kg
Nutzmasse:	2.250 kg (Straße); 1.500 kg (Gelände)
Bereifung:	10,50-16
Höchstgeschwindigkeit:	77,5 km/h
Bemerkung:	Angaben für Pritschenwagen

Eines der Expeditionsfahrzeuge T 805 der Weltreisenden Zikmund und Hanzelka in der Sammlung des Tatra-Museums. (Foto: MDü)

Nur sehr selten auf tschechischen Straßen zu sehen waren solche Busse auf Basis des T 805. (Foto: Slg. Novotny)

Busse auf Tatra-Basis T 400 / T 401 / T 500 HB

Bis in die Zeit des Zweiten Weltkriegs hatte es bereits Busaufbauten auf verschiedenen Zentralrohr-Chassis von Tatra gegeben. Unter der Bezeichnung T 86 kam dazu ab 1936 ein dreiachsiger Obus für die Verkehrsbetriebe in Prag. Auch dessen Fahrwerk basierte auf dem der schweren Tatra-Lastwagen.

Nach dem Zweiten Weltkrieg kam es in der Tschechoslowakei zu einem Aufschwung des Obus-Verkehrs. Allein zwischen 1946 und 1952 entstanden Obusbetriebe in elf Städten, wie z.B. in Ceske Budejovice, Brno, Jihlava, Ostrava, Most-Litvinov und Teplice. Dafür wurden dringend Fahrzeuge gebraucht, ebenso wie für die Erneuerung des Wagenparks in Prag. Neben verschiedenen Importen waren dort Busse von Praga, Skoda und Tatra im Einsatz, wobei letztere aufgrund ihrer robusten Dreiachsbauart besonders auf Steigungsstrecken gefragt waren.

In den Jahren 1948 bis1954 fertigte Tatra in Zusammenarbeit mit CKD Prag insgesamt 207 Tatra-Oberleitungsbusse des Typs T 400, die auf Fahrgestell-Komponenten des Lastwagens T 111 aufbauten. Davon fuhren 144 in Prag, die übrigen in Bratislava, Ostrava und Most-Litvinov.

Die aus dem Werk Koprivnice zugelieferten Fahrgestelle erhielten eine elektrische Ausrüstung von CKD Prag. Der Busaufbau erfolgte im ehemaligen Ringhoffer-Tatra-Konzernbetrieb in Prag-Smichov. Der Betrieb

Der Obus T 400 basierte auf dem Chassis des Tatra-Lkw T 111 - beim Bus allerdings mit groß dimensionierter Einzelbereifung der Größe 13,00 x 20. (Foto: Ulrich Thomsch)

Zwei Obusse des Typs Tatra T 400 auf der Linie 35 unterwegs in Prag im Juli 1966. (Foto: AMH)

war zunächst in »CKD-Stalingrad« umbenannt worden, erhielt aber später die Bezeichnung »CKD-Tatra« und fertigte Straßenbahnen.

Letzter Tatra-Obus auf robuster Lkw-Basis war der dreiachsige Prototyp T 401 von 1958, der allerdings ein Einzelstück blieb. Der Entwurf zu dem sehr modernen Aufbau mit Panorama-Windschutzscheiben und Oberlicht-Fenstern stammte vom Designer Frantisek Kardaus, der für CKD-Tatra Prag mehrere Straßenbahnen und Obusse gestaltete. Die Fertigung erfolgte in Zusammenarbeit von CKD mit der Firma Karosa in Vysoke Myto. Zum Einsatz kamen vier Elektro-Motoren aus der Straßenbahn Tatra T 2 mit je 35 kW. Der Prototyp T 401 war noch bis 1960 in Prag ohne Fahrgäste im Testeinsatz und ist museal erhalten.

T 400	
Bauart:	Oberleitungsbus
Bauzeit:	1948-1954 - 3 Serien
Motor:	CKD-Elektromotor, 2 Stück
Leistung:	2 x 60 kW (2 x 65 kW)
Getriebe:	5 + 1 Gänge
L x B x H:	11.250 x 2,500 x 3110 mm
Radstand:	4.400 + 1.350 mm
Leermasse:	10.500 (11.700) kg
Platzangebot:	26 Sitzplätze, 54 Stehplätze
Bereifung:	13,00x20
Höchstgeschwindigkeit:	50 (60) km/h
Bemerkung:	Klammerwerte für Serie III, Nachfolger T 401 – nur Prototyp

Nach einer Entscheidung des Verkehrsministeriums erfolgte nach 1958 die Konzentration der tschechischen Obusproduktion bei den Skoda-Werken.

Der oft schlechte Straßenzustand und viele gebirgige Strecken führten in der Nachkriegszeit in der Tschechoslowakei zu einem recht hohen Bedarf an wendigen, robusten Omnibussen für den Linienverkehr im ländlichen Bereich.

Dafür entwickelte Tatra unter Nutzung vorhandener Lkw-Komponenten einen nur 9,4 Meter langen, dreiachsigen Omnibus (Radformel 6 x 4) mit der Bezeichnung T 500 HB. Dabei stand HB für »horsky bus« (= Berg-Bus). Zunächst fertigte Tatra im Werke Koprivnice zwischen 1950 und 1954 vier Prototypen des T 500 HB.

Der T 500 HB hatte zwar den klassischen Zentralrohr-Rahmen, der luftgekühlte V-8-Motor war aber im Heck angeordnet. Das Aggregat stammte aus dem Lkw-Typ T 128, erhielt aber später für die Serie einen

Bei Karosa Vysoke Myto aufgebauter Obus-Prototyp T 401, ebenfalls auf Chassis des T 111, aber mit verlängertem Radstand.

Der Linienbus T 500 HB hatte nur eine Fahrgasttür, verfügte aber über einen Gepäckraum zwischen der vorderen und der mittleren Achse. (Foto: Harold / CC BY-SA 3.0)

Ölkühler und überarbeitete Zylinderköpfe zur Geräuschreduzierung. Die Fünfganggetriebe für die Prototypen kamen von der Firma Praga, später bei den Serienfahrzeugen von Tatra.

Nachdem bei den Prototypen hinten noch Pendelachsen aus dem Lkw T 128 erprobt wurden, hatte die Serienvariante Starrachsen, vorn von Karosa und hinten von Praga. In der Serienfertigung zwischen 1954 und 1957 sind insgesamt 521 Stück des T 500 HB montiert worden, wovon die staatlichen Kraftverkehrsbetriebe CSAD 422 Busse erhielten. Die Chassis lieferte Tatra Koprivnice an die Firma Karosa in Vysoké Mýto, wo die Serien-Aufbauten erfolgten, weswegen auch die Bezeichnung »Karosa HB« genutzt wurde.

T 500 HB	
Bauart:	Omnibus
Bauzeit:	1954-1957 (Serie)
Motor:	Tatra 500 / T 108, 8-Zylinder-V-Dieselmotor, luftgekühlt
Hubraum:	9.883 cm^3
Leistung:	92 kW (125 PS) bei 1.900 U/min
Getriebe:	5 + 1 Gänge
L x B x H:	9.420 x 2.350 x 3.000 mm
Radstand:	3.570 + 1.180 mm
Leermasse:	7.080 kg
Nutzmasse:	29 Sitzplätze, 31 Stehplätze
Bereifung:	10,00-20
Höchstgeschwindigkeit:	65 km/h
Bemerkung:	3 Prototypen 1950-1954

Baureihen T 137 / T 138

Der in die Jahre gekommene Haubenlaster T 111 brauchte dringend einen modernen Nachfolger. Gleichzeitig wollte Tatra seine Angebotspalette erweitern und entwickelte parallel den zweiachsigen Siebentonner T 137 und den dreiachsigen T 138 mit 12 Tonnen Nutzmasse. Beide verfügten über den neuen 180 PS starken V-8-Zylinder-Motor vom Typ T 928 mit Direkteinspritzung und Luftkühlung. Dieser kompaktere Motor erreichte die gleiche Leistung wie der Zwölfzylinder des T 111 aus 14,8 Litern Hubraum.

Im November 1954 verließ zunächst der erste Prototyp des zweiachsigen Siebentonners T 137 die Montagehalle. Das Design der sehr ansehnlichen Ganzstahl-Haubenkabine stammte von Zdenek Kovar, der auch für die Gestaltung des aerodynamischen Tatra-Pkw T 603 verantwortlich zeichnete.

Grundsätzlich hielt Tatra am bekannten Chassis-Konzept fest, federte aber beim zweiachsigen Typ sowohl die vorderen, wie auch die hinteren Pendelhalbachsen nun mit Torsionsstäben ab. Der Vorderachsantrieb konnte elektropneumatisch geschaltet werden. Auch vom leichteren Typ T 137 wurde zunächst eine ganze Typenpalette konzipiert. Es gab Mulden- und Dreiseitenkipper, Pritschenwagen und Sattelzugmaschinen. Obwohl bereits 1955 auch in der internationalen Fachpresse Berichte zum T 137 erschienen waren, dauerte es noch bis 1958, als die neuen Fahrzeuge erstmals zur Messe in Brno präsentiert werden konnten. Allerdings führte die Entwicklung der Reihe T 137 zu deutlichen Problemen mit dem Werk LIAZ in Jablonec, dem die Fertigung von Lastwagen in dieser Tonnageklasse planwirtschaftlich zugeordnet worden war. Bei LIAZ befand sich seit 1957 der moderne Frontlenker Skoda 706 RT in der Fertigung. Außerdem drängte die Armee besonders auf die schwereren Lastwagen. Tatra musste sich nun auf den parallel entwickelten Zwölftonner T 138 konzentrieren. Übrig blieben vom T 137 nur die 4x4-Sattelzugmaschine und ein zweiachsiges Fahrgestell, die beide ins Programm des T 138 übernommen wurden.

Ursprünglich als Prototyp T 137 NT bezeichnet, wurde die zweiachsige Sattelzugmaschine als T 138 NTt ins Serienangebot übernommen. (Foto: ERWE)

Der Prototyp des Muldenkippers T 137 S1 mit großem Fahrerhausschutz. Die Kippmulde fasste 3,5 Kubikmeter.

T 137	
Bauart:	Pritschen-Lastwagen (Muldenkipper)
Bauzeit:	1954-1958 (Prototypen)
Motor:	Tatra T 928, 8-Zylinder-V-Dieselmotor, luftgekühlt
Hubraum:	11.762 cm³
Leistung:	132 kW (180 PS) bei 2.000 U/min
Getriebe:	5 + 1 Gänge, teilsynchronisiert
L x B x H:	7.215 (5.950) x 2.350 x 2.440 (2.535) mm
Radstand:	4.550 (3.725) mm
Leermasse:	5.850 (6.500) kg
Nutzmasse:	7.200 (7.000) kg
Bereifung:	10.00-20 (11.00-20)
Höchstgeschwindigkeit:	100 (90) km/h
Bemerkung:	Klammerwerte für Muldenkipper S1

Gemeinsam mit dem T 137 hatte Tatra auch den T 138 entwickelt. Die technischen Merkmale stimmten weitgehend überein, etwa 70 Prozent der Bauteile waren austauschbar. Allerdings war der dreiachsige T 138 mit einer Nutzmasse von 12 Tonnen kräftiger dimensioniert und stand damit nun als Nachfolger für den T 111 zur Verfügung. Geländetauglichkeit und robuste Ausführung waren beim T 138 ebenso wesentliche Merkmale wie verbesserte Wirtschaftlichkeit und leichtere Bedienung. Wie beim T 137 übernahmen vorn Torsionsstäbe die Federung. Die hinteren doppelten Schwingachsen stützten sich allerdings traditionell auf Längsblattfedern ab. Das teilsynchronisierte Getriebe

Zur Messe in Brno 1958 wurde auch der Lastkraftwagen T 137 mit Stahlpritsche ausgestellt.

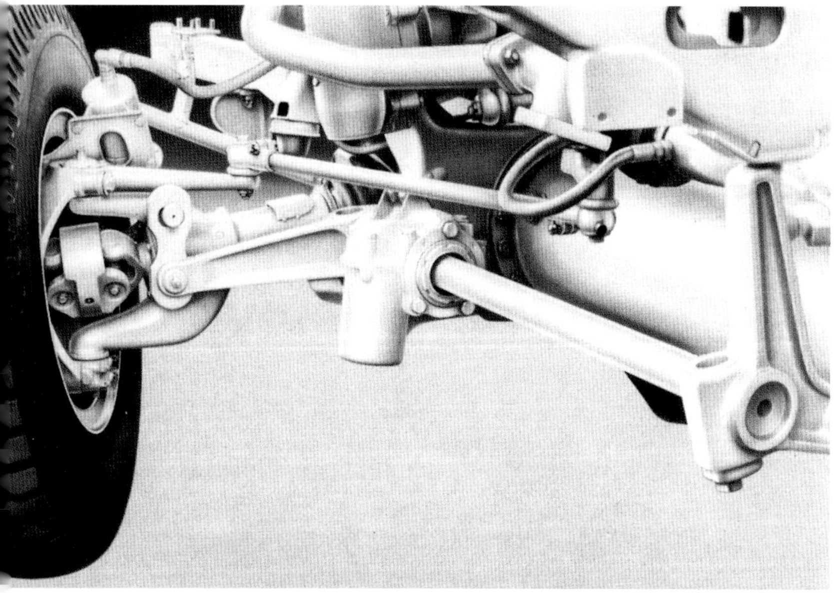

Erstmals wurden bei den Tatra-Typen T 137 und T 138 die vorderen Pendelachsen mit Drehstäben abgefedert. ⇧

Der Dieselmotor T 928 verfügte zur Kühlung über ein groß dimensioniertes Axialgebläse zwischen den beiden Zylinderreihen. ⇨

wurde gemeinsam mit dem Reduktionsgetriebe in einem Gehäuse angeordnet. Die Reduktionsschaltung erfolgte elektropneumatisch. Die Lenkung arbeitete hydraulisch unterstützt, die Betriebsbremse vollpneumatisch. Die Handbremse wirkte auf das Getriebe.

Der Tatra-Katalog 1969 umfasste insgesamt 27 Varianten in den Grundbauformen Pritschenwagen, Kipper, Sattelzugmaschinen sowie Chassis mit und ohne Hilfsrahmen. Davon waren nur die Sattelzugmaschine T 138 NT 4x4 und ein Spezialfahrgestell zweiachsig mit Allradantrieb im Angebot. Ein niederländischer Tatra-Importeur bot auf einem zweiachsigen Chassis einen Kipper mit einem Aufbau der Firma NETAM Rotterdam an.

T 138 S3 6x6	
Bauart:	Dreiseitenkipper
Bauzeit:	1959-1971
Motor:	Tatra 928-12, 8-Zylinder-V-Dieselmotor, luftgekühlt
Hubraum:	11.762 cm³
Leistung:	132 kW (180 PS) bei 2.000 U/min
Getriebe:	(5 + 1) x 2 Gänge (mit Zusatzgetriebe)
L x B x H:	7.425 x 2.350 x 2.570 mm
Radstand:	3.690 + 1.320 mm
Leermasse:	10.350 kg
Nutzmasse:	13.000 kg
Bereifung:	11.00-20 eHD
Höchstgeschwindigkeit:	71 km/h

Der Dreiseitenkipper T 138 S3 war das Volumenmodell der Baureihe.

Tatra T 138 S3 auf dem Lagerplatz des Importbetriebes Automot im sächsischen Heidenau.

Insgesamt produzierte Tatra von 1959 bis 1972 ohne Prototypen 48.222 Stück des T 138. Im zivilen Bereich dominierten die Dreiseitenkipper T 138 S3. Ab 1969 begann parallel schon die Vorserienfertigung des Nachfolgemodells T 148.

Die DDR importierte von 1962 bis 1971 für den zivilen Bereich über den Importbetrieb Automot Heidenau etwa 850 Tatra T 138, wovon allein 549 Stück in der Ausführung als Dreiseitenkipper geliefert wurden. Dazu kamen u.a. 122 Muldenkipper T 138 S1 und 159 dreiachsige Sattelzugmaschinen, die zum größten Teil im Verbund mit Kraftstoff-Tankaufliegern CN-22 des slowa-

Als Sondervariante für die Niederlande gab es ein zweiachsiges Chassis T 138 mit NETAM-Kipperaufbau.

kischen Herstellers VSS Kosice geliefert wurden. Diese auch im militärischen Bereich eingesetzten Auflieger fassten in fünf einzelnen Behälterkammern insgesamt 22.440 Liter Kraftstoff. Über den Baumaschinenhandel bezog die DDR außerdem Betonmischer, Zementtransporter, Autobagger und Mobilkräne auf Fahrgestellen des Tatra T 138.

Im Gegensatz zur tschechoslowakischen Armee kamen nur wenige Pritschenwagen T 138 VNM in den Bestand der NVA der DDR, die allerdings Kraftstoff-Tankwagen, Autobagger des Typs D 031A und Löschfahrzeuge auf T-138-Basis einsetzte.

Die in die DDR importierten T-138-Feuerwehren waren überwiegend Tanklöschfahrzeuge des Typs ASC 32 (TLF 32), aufgebaut auf dem Chassis T 138 PP5 mit einem schweren Nebenabtrieb für die Feuerlöschkreiselpumpe. Die Aufbauten kamen aus dem Betrieb THZ-Karosa in Vysoke Myto. Dort hatte Vaclav Stratilek im Jahr 1899 eine Firma für Feuerlöschtechnik gegründet, die nach der Verstaatlichung 1948 unter dem Kürzel THZ firmierte und 1962 dem Unternehmen Karosa zugeordnet wurde. Neben Feuerwehren gehörten zum Programm auch Wassertank- und Sprengwagen sowie weitere Spezialaufbauten.

Ein Autobagger D-031A auf Fahrgestell T 138 P belädt in Dresden einen T 148 Dreiseitenkipper. (Foto: ERWE)

Neben 20 Tanklöschfahrzeuge T 138 ASC 32, die über Automot Heidenau in die DDR kamen und einigen Exemplaren für die NVA, beschaffte auch die Fluggesellschaft Interflug sieben solche Feuerwehren für den Flughafeneinsatz. Hintergrund dafür waren die Ende der 1960er Jahre durch die Internationale Zivilluftfahrtorganisation ICAO konkretisierten Anforderungen an Flughafenfeuerwehren, denen die DDR mit diesen Fahrzeugen entsprechen konnte.

Ein Tatra T 138 S1 Muldenkipper auf einer vom Hersteller und vom Außenhandelsbetrieb Motokov veranstalteten Werbetour durch Westeuropa.

Tschechische Kipperfahrer vom Betrieb CSAD Trebic präsentieren 1975 ihre Fahrzeuge, einen T 138 S1 und das Nachfolgemodell T 148 S1. (Foto: AMH)

Ein T 138 S3 beim Bau der Leninallee in Halle/S. (Foto: ERWE)

Zwei zu Abschleppfahrzeugen umgerüstete T 138, links beim Kraftfahrzeug-Instandsetzungswerk Halle und rechts im Einsatz bei den Budapester Verkehrsbetrieben. (Fotos: ERWE und Slg. Buza)

Dieser T 138 NT 4x4 schleppt 1958 den Prototyp eines Karosa-Kühlsattelaufliegers N10CH. Die Serienfertigung erfolgte später beim Betrieb Orlican Chocen. (Foto: Iveco-CZ)

Die Kraftstoff-Sattelzüge T 138 NT CN-22 kamen auch in der DDR im zivilen wie im militärischen Bereich zum Einsatz.(Foto: ERWE)

Zu den Kennwerten der T 138 ASC 32 gehörten eine Löschmittelmenge von 6.600 Litern, aufgeteilt in 6.000 Liter Wasser und 600 Liter Schaummittel und eine Pumpenleistung von 3.200 l/min. Das robuste, allradgetriebene Basisfahrzeug ermöglichte den Löscheinsatz auch im schweren Gelände.

Für die Werksfeuerwehren der Großbetriebe der chemischen Industrie in der DDR waren Sonderlöschfahrzeuge unbedingt notwendig. Da entsprechende Schaum-, Pulver- und Universallöschfahrzeuge aus dem RGW/Comecon-Gebiet nicht ausreichend zur Verfügung standen, kamen fast alle diese Aufbauten von der österreichischen Firma Rosenbauer aus Linz. Die erste Lieferung betraf 1965 Schaumlöschfahrzeuge SLF 8500 auf Basis des Tatra T 138 an das PCK Schwedt. Solche SLF 8000 gingen auch an andere Chemiebetriebe, u.a. in Leuna, Buna und Böhlen. Dazu kamen ab 1967 auch Rosenbauer-Pulverlöschfahrzeuge PLF 6000, erkennbar an ihren kugelförmigen Druckbehältern. Sie wurden u.a. nach Leuna, Piesteritz, Böhlen und Buna geliefert. Auch die Universallöschfahrzeuge, die sowohl mit Wasser, Schaum als auch mit Pulver löschen konnten, lieferte Rosenbauer auf Tatra T 138. Sie waren u.a. im Chemiekombinat Bitterfeld und im Mineralölwerk Lützkendorf stationiert.

Dieser Werbeprospekt zeigt eindeutig einen Militär-Pritischenwagen mit Seilwinde T 138 VN, aber in zivilem Outfit auf einer Exportwerbefahrt im arabischen Raum.

Im Jahr 1967 wurde dieses Pulverlöschfahrzeug PLF 6000 bei den Chemischen Werken Buna in Dienst gestellt. Den Aufbau auf ein T 138-Fahrgestell fertigten die Firma Bachert und Total. (Foto: ERWE)

Das Chassis T 138 PP5 mit Tanklöschaufbau ASC 32 von THZ-Karosa eignete sich auch gut für den Flughafeneinsatz.

Als Besonderheit bei den Fahrzeugen der Tatra-Baureihe T 138 sind die Kipper mit der Bezeichnung JMH - TMCH 138 zu erwähnen, die bei der kleinen Schweizer Firma Josef Meier Hegnau (JMH) bei Zürich montiert wurden. Dieses Unternehmen fungierte einige Jahre als Importeur für Lastwagen von Skoda und Tatra.

Ein Teil der Tatra-138-Lkw wurde nicht komplett, sondern nur als Fahrgestell mit verkürztem Radstand, ausgerüstet mit Motor und Getriebe, bezogen. Für den harten Baustelleneinsatz bestimmt, rüstete Josef Meier diese Chassis mit verschiedenen Kipperaufbauten der Firma Wirz aus Uetikon am Zürichsee aus.

Auf dem Genfer Salon 1968 zeigte JMH erstmals einen Prototyp. Um den Laderaum zu vergrößern, verzichtete man auf die originale Tatra-Haubenkabine und orientierte auf einen Frontlenker. Bei dem als »JMH 6x6 (Tatra-Fahrgestell)« bezeichneten Muldenkipper kam eine eigene Dumper-artige Einmann-Kabine zum Einsatz.

Wesentlich gefälliger wirkte der JMH-Typ »TMCH 6x6« von 1970, für den Tatra die kurze Prototyp-Ausführung der Kipp-Kabine des Typs T 813 beisteuerte. Verwendung fand nun ein 3-Seiten-Anticorodal-Kippaufbau von

JMH / TMCH 138 6x6	
Bauart:	Mulden- / Dreiseitenkipper
Bauzeit:	1968-1971
Motor:	Tatra 2-928-1, 8-Zylinder-V-Dieselmotor, luftgekühlt
Hubraum:	12.660 cm³
Leistung:	153 kW (200 PS) bei 2.000 U/min
Getriebe:	(5 + 1) x 2 Gänge (mit Zusatzgetriebe)
L x B x H:	6.500 x 2.300 x 2.750 mm
Radstand:	3.300 + 1.320 mm
Leermasse:	8.700 - 11.000 kg
Nutzmasse:	16.300 kg
Bereifung:	12.00-20 vorn; 16.5x22.5 hinten
Höchstgeschwindigkeit:	85 km/h
Bemerkung:	nur geringe Stückzahl; verschiedene Ausführungen

Der JMH 6x6 auf Tatra-Fahrgestell, montiert von der Firma Josef Meier Hegnau - 1968.

Der 1970 montierte Typ TMCH 6x6 mit Frontlenkerkabine und 3-Seiten-Kipperaufbau von Wirz.

Prospekt des als Tatra 138 6x6 TMCH vom Schweizer Importeur JMH angebotener Kipper mit der Abbildung des Prototyps T 813 S3 6x6.

Wirz, der 7 m³ fasste. Alternativ wurde als »TMCH 4x4« eine zweiachsige Ausführung mit 5 m³ -Mulde angeboten.

Unter der Bezeichnung »Tatra 138 6x6 TMCH« offerierte Josef Meier auch ein Fahrzeug, dessen Prospektabbildung optisch dem Frontlenker-Prototyp T 813 S3 6x6 entsprach und bei dem ein tschechischer Dreiseiten-Kippaufbau montiert war.

Laut JMH-Angebot sollte das Fahrzeug aber über die Aggregate des T 138 verfügen.

Bei verschiedenen JMH-Kippern wurden Tatra-Motoren des Typs T 2-928-1 mit größerem Hubraum und gesteigerter Leistung angeboten, wie sie ab 1968 auch im Vorserienfahrzeug Tatra 138 Super (auch T 2-138) Verwendung fanden, der später als T 148 in Serie ging. Wie viele Spezialkipper die Firma JMH mit ihren 10 Mitarbeitern tatsächlich konfektionierte, war leider nicht zu ermitteln.

Baureihe T 148

Die Weiterentwicklung des T 138 lief bei Tatra zunächst unter den Bezeichnungen T2-138 bzw. T 138 Super. Beim Beginn der Vorserie wählte man 1969 aber die Typnummer T 148. Damit sollte auch der Umfang der Verbesserung gegenüber dem Vorgängermodell dokumentiert werden. Optisch unterschied sich der T 148 vom T 138 besonders durch die neugestaltete Motorhaube.

Beim überarbeiteten Motor T 2-928-1 hatte Tatra mittels Veränderung des Hubs von 130 mm auf 140 mm den Hubraum vergrößert, wodurch eine Leistungssteigerung auf 212 PS möglich war. Um die Nutzmasse zu erhöhen, wurden viele Bauteile verstärkt. Teleskopstoßdämpfer ersetzten die Hebelstoßdämpfer an den vorderen Pendellachsen. Für die Hinterachsen gab es ein Zwischenachsdifferential, um die Beanspruchung des Fahrwerks zu reduzieren. Im Lastzugbetrieb konnten Gesamtmassen bis 38 Tonnen realisiert werden. Ziel war es auch, durch Qualitätssteigerungen die Fristen zwischen den damals üblichen Lkw-Grundüberholungen zu verlängern.

Im Rahmen der weiteren Modellpflege wurden im Laufe des Jahres 1979 bei der Baureihe T 148 insgesamt 86 Detailverbesserungen in die Serie übernommen. Von da an nutze Tatra die Typenbezeichnung T2-148. Der Motor T2-928-1E erfüllte nun europäische Umweltvorschriften und lief verbrauchsgünstiger. Bei der Kabine kamen u.a.

(Foto: ERWE)

Muldenkipper T 148 S1 und Dreiseitenkipper T 148 S3 waren die meistgebauten Varianten der Baureihe.

Verbundglas-Frontscheiben und ein neuer Fahrersitz mit pneumatischer Federung und besserer Dämpfung zum Einsatz. Es gab Veränderungen am Getriebe, an den Achsen, den hinteren Blattfedern und den Antriebswellen. Die Modifikation der vorderen Torsionsstäbe führte zu einer deutlichen längeren Nutzungsdauer. Bei den Kipplastwagen kam anstelle von zwei Hydraulikzylindern nur noch ein größerer Zylinder zum Einsatz.

Die Variantenvielfalt des T 148 entsprach der des Vorgängers, wobei Kipper, militärisch genutzte Pritschenwagen und Sattelzugmaschinen eine besondere Rolle spielten. Daneben boten verschiedene Chassis-Ausführungen die Basis für diverse Sonderaufbauten, wie z.B. Krane, Feuerwehren und Betonmischer.

Als einzige zweiachsige Variante blieb die auf den ehemaligen Typ T 137 zurückgehende Sattelzugmaschine T 148 NTt 4x4 im Programm. Das Sortiment wurde 1979 durch einen Einseiten-Hubkipperaufbau ergänzt.

Parallel zum T 138 war von 1969 bis 1971 mit 577 Stück bereits die Vorserienfertigung des T 148 angelaufen, der dann 1972 den T 138 endgültig ablöste. Der T 148 war das erste Baumuster der Firmengeschichte, das die Produktionsmarke von 100.000 Stück überschritt. Exakt 113.647 Exemplare liefen bis 1982 vom Band. Hauptexportkunden waren wie schon bei den

T 148 S3	
Bauart:	Dreiseitenkipper 6x6
Bauzeit:	1969 - 1982
Motor:	T2-928-1, 8-Zylinder-V-Dieselmotor, luftgekühlt
Hubraum:	12.667 cm³
Leistung:	156 kW (212 PS) bei 2000 U/min
Getriebe:	(5 + 1) x 2 Gänge (mit Zusatzgetriebe)
L x B x H:	7.275 x 2.500 x 2.610 mm
Radstand:	3.890 + 1.320 mm
Leermasse:	11.200 kg
Nutzmasse:	13.900 kg
Bereifung:	11.00-20
Höchstgeschwindigkeit:	75 km/h

Die für Tatra typische
Zentralrohrbauart prägte auch die Baureihe T 148.

Vorläufertypen die RGW-Länder, allen voran die Sowjetunion. Besonders auf den Baustellen in den östlichen Teilen des Riesenstaates fanden die robusten Tatra-Lkw fordernde Einsatzbedingungen. Die Kippervarianten des T 148 mit Ganzstahlaufbauten (S1 – Hinterkipper, S3 – Dreiseitenkipper) waren mit Abstand die meist produzierten Typen der Baureihe. Die Hinterkipper bekamen eine Mulde mit Fahrerhausschutz, fassten acht Kubikmeter Schüttgut und entstanden im slowakischen Zweigwerk Banovce, ebenso wie die Sonderausführungen für den Einsatz in den Kältegebieten der Sowjetunion.

Besonders in der DDR wurde der T 148 S3 auch mit Kippanhängern gefahren. Dabei war er aber aus Gründen der Treibstoffeinsparung vom Kraftfahrzeugtechnischen Amt (KTA) anfangs nur für eine Höchstgeschwindigkeit von 60 km/h zugelassen.

Der Fahrkabine des T 148 in zeitgemäß moderner Gestaltung und mit Verbundglas-Frontscheiben.

Ein Tatra T2-148 V31 mit Aufbau als Hochhubkipper. Auf den vorderen Kotflügeln befanden sich bei allen Typen die Luftvorfilter.

Zu den in der DDR im Einsatz befindlichen Bauformen des Tatra T 148 gehörten neben den dominierenden Kippern unter anderem folgenden Typen:

- Pritschenwagen T 148 VNM
- Sattelzugmaschinen T 148 NTt, meist in Kombination mit Pritschenaufliegern N 26 und N 29 von BSS Brandys und mit Tankaufliegern CN 22 der slowakischen Firma ZTS Kosice
- Flugfeldtankwagen T 148 CAPL-15 und Tankfahrzeuge T 2-148 - CA 17 mit Aufbauten von ZTS Kosice
- T 148 Tanklöschfahrzeuge mit Aufbau CAS 32 von Karosa Vysoke Myto
- T 148 Sonderlöschfahrzeuge mit Aufbauten von Rosenbauer
- T 148 MPT-27 und MP-21-1 Hochhubbühnen von SUB Uhersky Brod
- T 148 VLH Zementsilofahrzeuge
- T 148 DO32A Autobagger
- T 148 AM55 Transportbetonmischer + AMS365 Betontransporter
- T 148 mit Autokranaufbauten von Lucenec und CKD Slany
- Fahrgestelle T 148 PPR 14 für verschiedene Spezialaufbauten

Einer der auch heute noch auf tschechischen Baustellen anzutreffenden T 148 S3. Die Kabine mit Dachluke entsprach aber beim Dreiseitenkipper nicht der normalen Ausstattung, sondern stammt von einem Militärfahrzeug. (Foto: MDü)

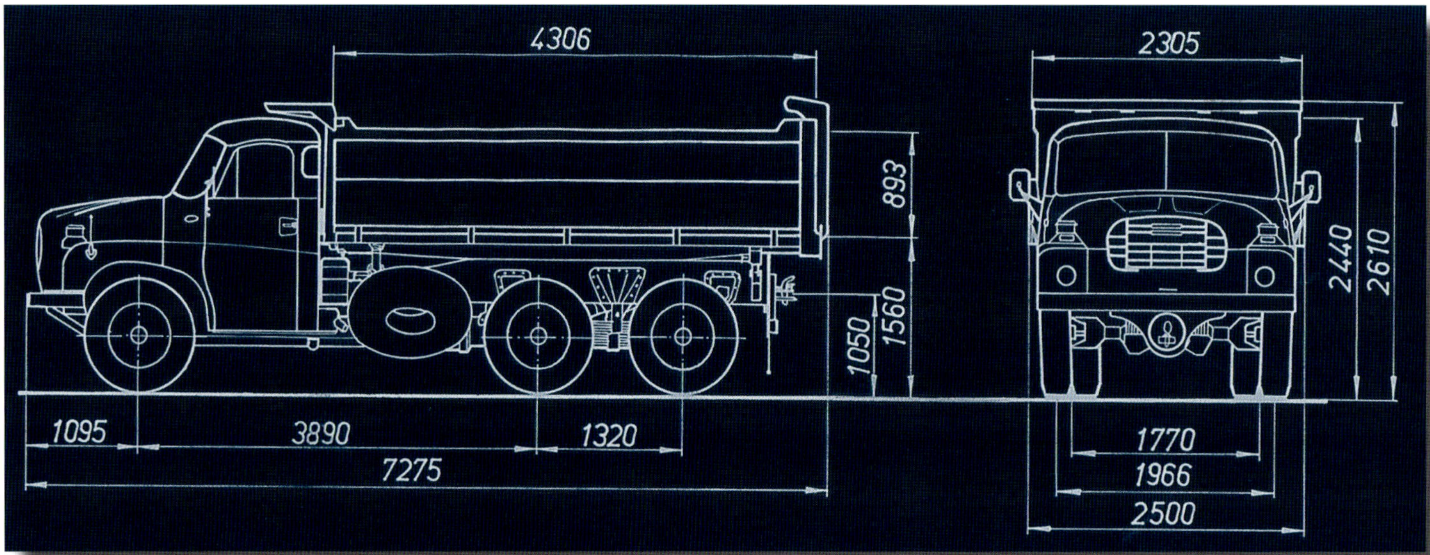

Maßzeichnung des Tatra T 148 S3.

Für die psychologische Kriegsführung, z. B. zum Druck von Flugblättern und Frontzeitungen, hielt die NVA motorisierte Druckereien, sog. Mot. Druckereien, vor. Diese aus sechs bzw. acht Sattelschleppern waren mit einer kompletten Druckereiausrüstung versehen, dazu wurden Notstromaggregate und auch Wasserwagen mitgeführt. Die einzelnen Fahrzeuge waren mit Übergangsbrücken aus Streckmetall an den Seiten sowie am Heck versehen, so dass alle Auflieger miteinander verbunden waren und auf einer Ebene gearbeitet werden konnte. (Fotos: MPD, Smlg. Weinreich)

Ein Militär-Pritschenwagen T 148 mit Dachluke und Stahlpritsche. (Foto: ERWE)

Die DDR importierte von 1972 bis 1982 über Automot Heidenau fast 1.100 Lastwagen der Baureihe T 148, davon 826 Stück Dreiseitenkipper. Dazu kamen Lieferungen an die sogenannten »Sonderbedarfsträger«, zu denen die Ministerien für Nationale Verteidigung, des Innern und für Staatssicherheit gehörten. Weitere Importe von T 148 mit Spezialaufbauten erfolgten über den Außenhandelsbetrieb für Bautechnik, die chemische Industrie und zweckgebunden auch für einzelne Betriebe.

Ein T 148 Pritschenwagen mit Ladekran HR2503 der Firma BAZ Bratislava. (Foto: Martin Harak)

Im eigenen Fuhrpark des Tatra-Werks befand sich 1983 noch ein T 148 Pritschenwagen mit Ladekran und auch ein Multicar M 24 aus der DDR. (Foto: MDü)

Besonders für den militärischen Einsatz in der Tschechoslowakei und in den Staaten des »Warschauer Vertrages« baute Tatra verschiedene Ausführungen von Pritschenwagen. Grundmodell war der Typ T 148 L. Angeboten wurden Aufbauten mit unterschiedlich hohen Stahlbordwänden, die auch mit Spriegel und Plane kombiniert werden konnten. Dazu gab es die Ausführung T 148 VN mit Seilwinde, die auch über den stärkeren Motor T 2-928-19 (232 PS / 171 kW) verfügte. Einzelne der robusten Fahrzeuge sind auch heute noch bei tschechischen Baubetrieben anzutreffen.

Wie schon beim Vorgängertyp boten die robusten Fahrgestelle des T 148 eine gute Basis für verschiedene Feuerwehrfahrzeuge. Es war naheliegend, dass der bewährte Tanklöschfahrzeug-Aufbau von Karosa Vysoke Myto mit 6.600 Litern Löschmittel und einer Pumpenleistung von 3.200 l/min nun auch auf dem Chassis des Tatra 148 montiert wurde. Diese Ausführung wurde vom

Sattelzugmaschine T 148 NTt 6x6 mit Satteltieflader. (Foto: Lutz Bruno / CC BY-SA 3.0)

Hersteller als CAS 32 T 148 bezeichnet, beim Einsatz in Deutschland als T 148 TLF 32. Die DDR bezog insgesamt 51 Stück, wovon 24 Fahrzeuge an die NVA gingen und sieben zu Flughäfen der Interflug.

Auch der Aufbau von Sonderlöschfahrzeugen für die Werksfeuerwehren der Chemieindustrie wurde durch die Firma Rosenbauer auf Chassis von Tatra T 148 und T2-148 fortgesetzt. Schaumlöschfahrzeuge SLF 8500 gingen u.a. zum Hydrierwerk Zeitz und nach Leuna, Pulverlöschfahrzeuge PLF 6000 wurden zum Stickstoffwerk Piesteritz und zum Chemiewerk Böhlen geliefert.

Das Hydrierwerk Zeitz und das Synthesewerk Schwarzheide erhielten jeweils zwei Rosenbauer-Universallöschfahrzeuge ULF 4500/3000.

Aus den Beständen der NVA kamen nach 1990 auch umgebaute Tatra-Fahrzeuge in den zivilen Feuerwehreinsatz. Ein Beispiel dafür ist ein Gerätefahrzeug für Öl-Havarien, das unter Nutzung eines Armee-Pritschenwagens Tatra T 148 N 6x6 im Kreis Anhalt-Zerbst ab 1992 zum Einsatz kam. Zu Löschfahrzeugen umgerüstet wurden auch ehemalige Armee-Tankfahrzeuge der Typen T 148 CAPL-15 und CA-17, unter anderem 1998 bei der Freiwilligen Feuerwehr Karnin.

Fahrgestelle des T 148 dienten wie auch schon beim Vorgänger T 138 als Basis verschiedener Kranaufbauten. Hier ein Typ AJ6 mit sechs Tonnen Tragkraft. (Foto: ERWE)

Tatra 148 mit ungarischem Spezialaufbau für seismische Messungen.(Foto: ERWE)

Der T 148 diente als Chassis für mehrere Kranaufbauten, so für den DS 0181T der polnischen Firma BUMAR und für den AD-20 von CKD. (Fotos: BUMAR und ERWE)

Ein T 148 mit Gittermastkran AJ6 der Budapester Verkehrsbetriebe im gemeinsamen Einsatz mit einem der in Ungarn weit verbreiteten W50-Kipper. (Foto: Slg. Buza)

Auf gemeinsamer Testfahrt war dieser T 148 S3 mit einem Prototyp des Nachfolgemodells T 815.

Für den Export in die Sowjetunion hatte Tatra auch eine spezielle Arktik-Ausführung des T 148 S1 im Sortiment, die im Werk Banovce aufgebaut wurde.

AD 20

KN 60-82

Eine echte Rarität stellt dieser T 148 mit einer 37m-Drehleiter dar. In nur sieben Exemplaren fertigte die Firma Magirus diesen Aufbau zum Export in die damalige CSSR. (Foto: ERWE) ⇧

Der Autodrehkran AD-20 von CKD Slany mit 20 Tonnen Tragfähigkeit wurde für die tschechische Armee auch auf Chassis des Typs T 148 montiert. (Foto: MH) ⇖

Die Chemischen Werke Leuna bekamen Anfang der achtziger Jahre einige Schaumlöschfahrzeuge SLF 8500 auf Tatra T2-148. Der Aufbau wurde von der Firma Rosenbauer aus Österreich gefertigt. (Foto: ERWE) ⇦

Zur Demonstration der Größe des gewaltigen V8-Diesels dieses 148ers musste der Enkel des Fotografen herhalten. (Foto: ERWE) ⇨

Ein umgerüsteter Armee-Pritschenwagen T 148 N als Gerätewagen für Ölhavarien, eingesetzt ab 1992 bei der feuerwehrtechnischen Zentrale im Kreis Anhalt-Zerbst. (Foto: ERWE)

Einige der über Automot Heidenau importierten 28 Hochhubarbeitsbühnen T 148 - MPT-27 mit einer Arbeitshöhe von 27 Metern kamen auch bei Feuerwehren zum Einsatz. So wurde z.B. ein solches Fahrzeug ab 1977 bei der Betriebsfeuerwehr des Energiebetriebs Schwarze Pumpe genutzt. Der slowakische Aufbauhersteller SUB Uhersky Brod hatte für den T 148 auch eine spezielle Feuerwehr-Arbeitsbühne unter der Bezeichnung PVP-27 im Angebot, die u.a. über eine Schlauchzuführung bis zur Arbeitsbühne verfügte. Diese Ausführung wurde allerdings nicht in die DDR importiert.

Mit dem T 148 versuchten Tatra und der Außenhandelsbetrieb Motokov auch den Export in westliche Länder anzukurbeln. Sehr aktiv beim Handel mit osteuropäischen Nutzfahrzeugen war die französische Firma MAM-Strager in Trappes, die den T 148 auch unter

Der Hochhubmast MPT-27 auf T 148 war in der DDR bei Kommunaleinrichtungen, Baubetrieben und auch bei der Feuerwehr im Einsatz. (Foto: ERWE)

Vom Tanklöschfahrzeug T 148 CAS 32 (TLF 32) mit Aufbau von Karosa Vysoke Myto waren in der DDR bei Feuerwehren und auf Flughäfen über 50 Stück im Einsatz. (Foto: ERWE)

der eigenen Bezeichnung MAM 6x6 anbot. Außerdem kombinierte MAM-Strager die Tatra-Technik mit französischen Aufbauten und Trailor-Sattelaufliegern. Im Angebot befanden sich auch zwei Schwerlastzugmaschinen-Varianten des T 148 mit einer Zugkraft bis zu 70 Tonnen. Sie verfügten über Einzel- oder Doppelkabinen und Ballastpritschen.

Ein Exot blieb der vom niederländischen Tatra-Importeur Praneda 1979 überarbeitete Tatra 148 mit teil-modernisierter Kabine und einem V-6-Zweitakt-Dieselmotor von GM - Detroit Diesel.

Die SEMEX-Nutzfahrzeuge GmbH in Dorsten zeichnete seit den 1960er Jahren in der BRD für den Import der Tatra-Lkw verantwortlich. Die Firma bot u.a. die Mul-

Ein Schaumlöschfahrzeug T 148 SLF 8500 mit einem Rosenbauer-Aufbau der ersten Bauform im Einsatz bei den VEB Chemische Werke Buna. (Foto: ERWE)

Ein zum Tanklöschfahrzeug umgerüsteter Armee-Flugfeldtankwagen T 148 CAPL-15 der Freiwilligen Feuerwehr Karnin. (Foto: ERWE)

den- und die Dreiseitenkipper-Ausführungen des T 148 alternativ zum Tatra-Aggregat auch mit dem luftgekühlten V-8-Motor F8L413F (188 kW / 256 PS) von KHD an. Ebenfalls mit diesem Aggregat präsentierte der Importeur auf der IAA in Frankfurt 1979 unter der Bezeichnung SEMEX 26 256 6x6 den Prototyp eines Dreiseitenkippers auf dem Zentralrohr-Chassis mit Achsen und Getriebe des Tatra T 148. Auch der Kipperaufbau entstammte tschechischer Fertigung. Neben dem luftgekühlten KHD-Dieselmotor kamen auch die Elektrik, die Bremsanlage und die Lenkung aus westeuropäischer Produktion. Bei der auffälligen, weit kippbaren Kurzhauberkabine handelte es sich um ein Erzeugnis der englischen Firma Motor Panels, die bei SEMEX angepasst worden war. Zu einer Serienfertigung kam es allerdings nicht. Im Semex-Angebot war außerdem der Stetter-Transportbetonmischer AM 6 SM, montiert auf dem Tatra-Fahrgestell T 148 P3.

Der von der niederländischen Firma Praneda konfektionierte Tatra T 148 mit Zweitakt-Dieselmotor von Detroit Diesel und überarbeiteter Haubenkabine. ⇨

Werbung der französischen Firma MAM-Strager für die unter dem eigenen Firmen-Logo vertriebenen Tatra T 148.

Der französische Tatra-Importeur MAM-Strager kombinierte die Sattelzugmaschine T 148 NT 6x6 mit einem Kippsattelauflieger der Firma Trailor.

MAM-Strager bot auf Basis des T 148 auch eine Schwerlastzugmaschine mit Doppelkabine an.

Auf der Messe in Frankfurt präsentierte SEMEX 1979 den Typ 26 256 6x6 auf Basis des Tatra T 148, aber mit weit kippbarer Kabine der englischen Firma Motor Panels.

SEMEX 26 256 6x6	
Bauart:	Dreiseitenkipper
Bauzeit:	1979
Motor:	KHD F 8 L 413 F, 8-Zylinder-V-Dieselmotor, luftgekühlt
Hubraum:	12.763 cm³
Leistung:	188 kW (256 PS) bei 2.500 U/min
Getriebe:	(5 + 1) x 2 Gänge (mit Zusatzgetriebe)
L x B x H:	7.320 x 2.500 x 2.850 mm
Radstand:	3.690 + 1.320 mm
Leermasse:	11.050 kg
Nutzmasse:	14.950 kg
Bereifung:	11.00-20 PR16
Höchstgeschwindigkeit:	62 km/h
Bemerkung:	Fahrgestell Tatra T 148

Von SEMEX vertriebener Stetter-Transportbetonmischer AM 6 SM auf Chassis des Tatra T 148.

Baureihe T 813

Als Nachfolger für die vom T 111 abgeleitete Zugmaschine T 141 entwickelte Tatra parallel zu den Lkw-Typen T 137 / T 138 unter der Bezeichnung T 813 eine neue Baureihe von Frontlenker-Zugmaschinen mit zwei, drei und vier Achsen.

Der erste Prototyp des vierachsigen T 813 ging bereits 1961, allerdings noch ohne Kabine auf Testfahrt. Im August 1964 stellte die Entwicklungsgruppe aus dem slowakischen Zweigwerk in Banovce nad Bebravou den ersten Prototyp der endgültigen Bauform unter der Bezeichnung T 813 8x8 »Kolos« vor. Die Vorserie lief ab 1967. Neben dem Tatra-typischen Zentralrohr und den Pendelachsen gehörten zu den Merkmalen: V-12-Zylinder-Motor, zweistufiges Reduktionsgetriebe und damit 20 Vor- und 4 Rückwärtsgänge, Blattfedern an allen vier Achsen, Zentralregelung des Reifendrucks und eine Seilwinde mit 100 Mp Zugkraft. In der großen Kabine fanden bis zu sieben Personen Platz und es konnten auch zwei Notliegen installiert werden. Dazu kam eine große Metallpritsche. Alle diese Merkmale zielten klar auf den militärischen Einsatz. Der T 818 8x8 konnte große Lasten in schwierigem Gelände bewältigen. Er diente als Schlepper für schwere Geschütze und für Schwerlastanhänger, als Bergefahrzeug und für spezifisch-militärische Aufbauten, wie z.B. Geschosswerfer und Brückenlegefahrzeuge. Die vierachsigen Zugmaschinen waren als Neufahrzeuge fast ausschließlich den Ostblock-Armeen vorbehalten, gelangten aber vereinzelt auch in den zivilen Einsatz.

Ein Prototyp des T 813 8x8 mit Schiebeschild und der ersten Kabinenbauform aus dem Jahr 1963.

Es lag nahe, dass Tatra unter Nutzung der zur Verfügung stehenden Aggregate den schweren, allradgetriebenen T 813 auch als Fahrgestell für zivile Spezialfahrzeuge modifizierte. Durch das längs variable Zentralrohr waren verschiedene Aufbaulängen möglich und es stand auch eine kürzere Frontlenkerkabine zur Verfügung.

T 813 8x8	
Bauart:	Zugmaschine
Bauzeit:	1967 - 1982
Motor:	T 930-3, 12-Zylinder-V-Dieselmotor, luftgekühlt
Hubraum:	17.640 cm^3
Leistung:	184 kW (250 PS) bei 2000 U/min
Getriebe:	(5 + 1) x 4 Gänge (mit Zusatzgetriebe)
L x B x H:	8.800 x 2.500 x 2.780 mm
Radstand:	1.650 + 2.200 + 1.450 mm
Leermasse:	13.800 kg
Nutzmasse:	8.200 kg
Bereifung:	15.0-21 ND
Höchstgeschwindigkeit:	80 km/h ohne Anhänger
Bemerkung:	Anhängemasse. 100.000 kg

Eine ehemalige Militär-Zugmaschine T 813 8x8 schleppt in der Mitte der 1980er Jahre einen Culemeyer-Straßenroller der Deutschen Reichsbahn. (Foto: ERWE)

Noch 1998 dokumentierte ein Wandbild an einem ehemaligen NVA-Gebäude in Zittau den Militäreinsatz der Tatra T 813 Zugmaschinen. (Foto: MDü)

Während das Abschlepp- und Bergefahrzeug des Verkehrskombinats Halle / Betrieb Dessau wohl durch einen Sonderaufbau auf einem ehemaligen »schweren Radzugmittel« der NVA entstand, nutzte eine tschechische Privatfirma ein originales, aber umlackiertes T813-Armee-Bergefahrzeug. (Fotos: ERWE)

Damit konnten – wenn auch in überschaubaren Stückzahlen - unterschiedlichste Kundeninteressen bedient werden. Hierbei zeigte sich der besondere Vorteil der Tatra-Bauart, mit einem Grundsortiment an Baugruppen eine sehr hohe Variantenvielfalt zu ermöglichen.

Besonders für den schweren Baustelleneinsatz waren die mehrachsigen Fahrgestelle auch in Westeuropa gefragt. Die großen Muldenkipper-Aufbauten steuerte meist der Tatra-Betrieb im slowakischen Banovce bei, der von 1974 bis 1980 insgesamt 585 Stück dieser 8x8-Kipper montierte. SEMEX in Dorsten bot auch vierachsige Kipper mit Edbro-Aufbauten an.

Die Liste der Sonderaufbauten auch westlicher Hersteller auf den 8x8-Chassis ist vielfältig. Es gab Autokrane und Transportbetonmischer, aber auch Drehleitern von Magirus und von Titan sowie Tanklöschfahrzeuge von Karosa und Rosenbauer. Unter der Bezeichnung SLF 18000 hatte Rosenbauer 1980 ein Schaumlöschfahrzeug auf Chassis T 813 8x8 an das Petrolchemische Kombinat in Schwedt/Oder geliefert. Mit drei Tanks für 12.000 Liter Schaummittel und 6.000 Wasser war es das größte Löschfahrzeug in der DDR. Ein gleiches Fahrzeug war auch bei einer Feuerwehr in Bratislava im Einsatz.

Seit 1971 montierte SEMEX in Dorsten mit der Technik des T 813 drei-, vier- und fünfachsige Allrad-Sonderfahrgestelle für Spezialfahrzeuge, zunächst mit eigenen flachen, vorgesetzten Fahrerkabinen. SEMEX bezog die Motoren, die angetriebenen Pendelachsen, Getriebe und andere Teile des Chassis von Tatra. Die Bremsanlage, Lenkung, Felgen und Teile der elektrischen Anlage

T 813 S1 8x8	
Bauart:	Muldenkipper
Bauzeit:	1974 - 1980
Motor:	T 930-35 E, 12-Zylinder-V-Dieselmotor, luftgekühlt
Hubraum:	17.640 cm³
Leistung:	189 kW (257 PS) bei 2000 U/min
Getriebe:	(5 + 1) x 4 Gänge (mit Zusatzgetriebe)
L x B x H:	8.880 x 2.500 x 3.050 mm
Radstand:	1.650 + 2.800 + 1.450 mm
Leermasse:	15.000 kg
Nutzmasse:	21.000 kg
Bereifung:	18-22,5
Höchstgeschwindigkeit:	71 km/h
Bemerkung:	Muldeninhalt 24 m³

Grundfahrgestell des Tatra T 813 8x8, auf das für Spezialaufbauten noch spezielle Hilfsrahmen montiert wurden.

Ein T 813 S1 8x8 mit Kipper-Aufbau von Tatra Banovce, der 24 Kubikmeter Schüttgut fasste.

stammten aus westdeutscher Fertigung. Auf Sonderwunsch kamen neben den Tatra-Motoren auch luftgekühlte 10- und 12-Zylindermotoren oder wassergekühlte 6-Zylindermotoren deutscher Motorenhersteller zum Einsatz.

Die SEMEX-Sonderfahrgestelle dienten für die verschiedensten Aufbauten, wie Teleskopkrane, Gittermastkrane, Erdbohrgeräte, Baumverpflanzungsmaschinen und Rohrtransport- und Verlegefahrzeuge für den Pipelinebau.

Später, nach Einführung des Tatra T 815 mit seiner neuen Frontlenkerkabine, verwendete auch SEMEX die vorgesetzte Fahrerhausvariante dieser Baureihe bzw. importierte die entsprechenden originalen Tatra-Spezialfahrgestelle.

Den T 813 8x8 mit Transportbetonmischer von Stetter bot SEMEX in Dorsten an.

Nur sehr vereinzelt wurden Magirus-Drehleitern auf Basis des T 813 8x8 montiert.

Rosenbauer-Schaumlöschfahrzeug SLF 18000 für den Einsatz im Petrolchemischen Kombinat Schwedt. (Foto: Detlef Nase)

Eine frühe Ausführung des Rohrtransport- und Verlegefahrzeugs SEMEX Tatra T 813-3627 mit einer nur einsitzigen Fahrerkabine.

Bei den späteren Ausführungen des Spezialfahrzeugs für die Rohrverlegung brachte SEMEX eine ebenso flache, aber zweisitzige Kabine zum Einsatz.

Dieses SEMEX-Spezialfahrgestell auf Basis des Tatra T 813 8x8 diente als Träger eines Bohrgeräts.

Für die in die Jahre gekommene Schwerlastzugmaschine T 141 wurde auch im zivilen Bereich dringend Ersatz benötigt. Nach den Vierachsern erweiterte Tatra deshalb die Baureihe T 813 um schwere Zugmaschinen, Sattelschlepper und Chassis mit zwei und drei Achsen. Diese Fahrzeuge waren besonders für die Bauwirtschaft bestimmt. Je nach Einsatzzweck stattete Tatra diese Typen mit unterschiedlichen Federungen und mit langen oder kurzen Frontlenkerkabinen aus.

Bereits Mitte der 1960er Jahre wurden verschiedene dreiachsige Ausführungen des Typs T 813 erprobt.

Tatra begann 1968 mit einer Vorserie der Straßenzugmaschine T 813 TP 6x6 für Schwerlastanhänger bis 100 Tonnen Gesamtmasse. Ab 1970 war dann dieses Fahrzeug mit zwei gelenkten und blattgefederten Vorderachsen im Angebot. Die Hinterachse verfügte über Torsionsstäbe und Teleskopstoßdämpfer. Die geräumige, fünfsitzige Fahrerkabine entsprach der vierachsigen Ausführung.

In die DDR wurden von 1971 bis 1982 über Automot Heidenau 167 Stück Schwerlastzugmaschinen T 813 TP 6x6 importiert. Dazu kamen ab 1978 noch einige Fahrzeuge für die Grenztruppen und das Ministerium des Inneren.

Zwar ebenfalls dreiachsig, aber deutlich anders konzipiert, waren die Kipper T 813 6x6, die das Tatra-Werk Banovce beisteuerte. Bereits 1965 gab es einen Muldenkipper-Prototyp T 813 S1 6x6, der noch auf den schweren Hauben-Lkw T 147 zurückging, mit recht kurzem Radstand und groß dimensionierten Einzelrädern.

Um 1970 entstanden dann zwei weitere Kipperausführungen mit Mulden- bzw. Dreiseitenaufbau. Diese verfügten über eine gelenkte Vorderachse mit Drehstabfederung sowie hintere, blattgefederte Doppelachsen und hatten einen längeren Radstand. Lediglich der Muldenkipper T 813 S1 6x6 mit fast 18 Tonnen Nutzmasse wurde auch für den Export angeboten. Allerdings blieb es bei nur sehr geringen Stückzahlen, da zur gleichen Zeit bereits die Arbeiten an der späteren Baureihe T 815 liefen.

Eine Rarität blieb auch der dreiachsige Flugfeldschlepper, den SEMEX unter der Bezeichnung 29270 auf Basis

Flugfeldschlepper SEMEX 29270 mit Technik der Schwerlastzugmaschine Tatra 813 TP 6x6, allerdings waren alle Achsen hydrostatisch lenkbar.

der Baureihe T 813 6x6 konfektionierte. Die Fahrerkabine war niedriger und vorgesetzt. Alle drei Achsen waren hydrostatisch angetrieben und lenkbar.

Zur Abrundung des T-813-Programms nach unten, begann 1969 zunächst die Fertigung der zweiachsigen Schwerlast-Zugmaschine Tatra T 813 TP 4x4, die maximal 65 Tonnen schwere Anhänger schleppen konnte. Obwohl ebenfalls ein 270-PS-Motor der Baureihe T 930 zum Einsatz kam, verfügte das Getriebe gegenüber den schwereren T-813-Varianten nur über eine Vorschaltgruppe. Die Federung der Zugmaschine erfolgte vorn und hinten über Torsionsstäbe und Teleskopstoßdämpfer.

Im Jahr 1971 folgte die Sattelzugmaschine T 813 NT 4x4. Sie konnte sowohl auf Straßen, als auch im leichten Gelände eingesetzt werden. Abweichend von der Schwerlastzugmaschine kamen bei diesem Typ hinten Luftfedern zum Einsatz. Der T 813 NT 4x4 wurde auch über SEMEX in der Bundesrepublik angeboten und war in der Tschechoslowakei vereinzelt bei der Spedition CSAD und bei Baubetrieben mit Pritschen- und Kippsat-

Die dreiachsigen Zugmaschinen der Baureihe T 813 waren in der DDR und der CSSR besonders im zivilen Bereich mit Schwerlastanhängern von ZREMB Wroclaw und Transporta Chrudim anzutreffen. (Fotos: ERWE) ⇦⇧⇩

Maßzeichnung der Schwerlastzugmaschine T 813 TP 6x6.

Mangels geeigneter Fahrzeuge aus eigener Produktion waren die Schwerlastbetriebe der DDR auf Importe angewiesen. Aufgrund chronischer Devisenknappheit fiel die Wahl in der Hauptsache auf Tatras aus der CSSR. (Foto: ERWE)

tel-Aufliegern von BSS Brandys anzutreffen. Besonders für den Aufbau von CKD-Autokranen des Typs AD-125 gab es auch ein zweiachsiges T-813-Chassis. Alle Ausführungen des T 813 4x4 waren serienmäßig mit einer kurzen Kabine ausgerüstet, die auch Platz für 2 Liegen bot. Insgesamt montierte Tatra von 1967 bis 1982 ohne Prototypen 11.751 Lastwagen der Baureihe T 813.

Der erste Prototyp des dreiachsigen Frontlenker-Kippers T 813 S1 6x6 entstand 1965 im Tatra-Werk Banovce und orientierte sich teilweise am Typ T 147.

T 813 6x6	
Bauart:	Zugmaschine
Bauzeit:	1968 - 1982
Motor:	T 930-31, 12-Zylinder-V-Dieselmotor, luftgekühlt
Hubraum:	17.640 cm³
Leistung:	199 kW (270 PS) bei 2000 U/min
Getriebe:	(5 + 1) x 4 Gänge (mit Zusatzgetriebe)
L x B x H:	7.760 x 2.500 x 2.780 mm
Radstand:	1.650 + 2.700 mm
Leermasse:	11.930 kg + 8.000 kg Ballast
Nutzmasse:	950 kg
Bereifung:	18-22,5
Höchstgeschwindigkeit:	70 km/h ohne Anhänger
Bemerkung:	Anhängemasse. 100.000 kg

Der 1970 gebaute Dreiseitenkipper auf Basis des T 813 S3 6x6 blieb ein Prototyp, diente aber für Werbeaufnahmen.

T 813 NT 4x4	
Bauart:	Sattelzugmaschine
Bauzeit:	1971 - 1982
Motor:	T 930-37, 12-Zylinder-V-Dieselmotor, luftgekühlt
Hubraum:	17.640 cm³
Leistung:	189 kW (257 PS) bei 2000 U/min
Getriebe:	(5 + 1) x 2 Gänge (mit Zusatzgetriebe)
L x B x H:	6.060 x 2.500 x 2.550 mm
Radstand:	3.700 mm
Leermasse:	7.000 kg
Nutzmasse:	9.000 kg
Bereifung:	16.5-22.5 Super Single
Höchstgeschwindigkeit:	91 km/h
Bemerkung:	auch mit Motor: 199 kW (270 PS)

Für die ebenfalls ab 1970 montierte Ausführung des T 813 S1 6x6 mit großer Kippmulde wurden sogar 1973 noch deutschsprachige Prospekte gedruckt. Zu einem Export kam es aber nicht.

Die Sattelzugmaschine T 813 NT 4x4 war auch für unebenes Gelände geeignet. ⇗

Werbeprospekt für die zweiachsige Schwerlastzugmaschine T 813 TP 4x4, die bis zu 65 Tonnen schwere Anhänger ziehen konnte.

Die Allrad-Sattelzugmaschine T 813 NT 4x4 in Kombination mit einem Pritschenauflieger des Typs NV 31 von BSS Brandys dürfte im Alltagsbetrieb des internationalen Verkehrs bei der tschechischen Spedition CSAD wohl selten anzutreffen gewesen sein.

Aus der Sattelzugmaschine T 813 4x4 wurde auch ein Chassis für Autodrehkrane des Typs CKD AD-125 abgeleitet. (Foto: ERWE)

Prototypen T 157 / T 815

Seit dem Ende der 1960-er Jahre arbeitete Tatra unter der Projektbezeichnung T 157 an einem Nachfolger für die Hauben-Lkw T 138 / T 148. Zu den ersten Baumustern gehörten Militärpritschenwagen und Dreiseitenkipper. In vielen Details basierten die T 157-Typen auf dem T 148, verfügten aber über eine moderne, kippbare Frontlenkerkabine und V-10-Zylinder-Motoren sowie das klassische Tatra-Chassis-Konzept mit zuschaltbarem Vorderradantrieb und Zwischenachsdifferentialen. Vorn gab es Drehstabfederung, hinten meist Blattfedern. Einige Prototypen erhielten voluminöse Single-Reifen für den Geländeeinsatz. Die ersten Prototypen fuhren ab 1970.

Auf Beschluss der tschechischen Regierung wurde im Rahmen dieser Arbeiten auch eine spezielle, dreiachsige Ausführung für den landwirtschaftlichen Einsatz entwickelt, welche die Bezeichnung T 157 Z erhielt. Das »Z« stand dabei für zemedelstvi = Landwirtschaft. Die Hinterachsen waren luftgefedert für den Einsatz mit landwirtschaftlichen Wechselaufbauten, wozu auch Nebenabtriebe dienten.

Neben der Basisausführung als Landwirtschaftskipper gab es u.a. Futtertransporter, Fäkalienfahrzeuge, Zisternen für pulverförmige und körnige Materialien und Düngerstreuer.

Für einen Nachfolger der schweren Baureihe T 813 liefen zur selben Zeit Arbeiten unter den Typbezeichnungen T2-813 und T 815. Das Tatra-Werk in Banovce erhielt den Auftrag, zwei schwere Muldenkipper (6x6 und 8x8) zu entwickeln, wozu auch der Prototyp des Muldenkippers T 813 6x6 mit in die neue Reihe überführt wurde.

Die Beschlüsse des RGW/COMECON von 1971, das Tatra-Werk für die Fertigung schwerer Lkw deutlich zu erweitern, hatten auch Auswirkungen auf das geplante Typenprogramm. Die Entwicklungsvorhaben T 157 und T 815 wurden unter dem einheitlichen Projektnamen T 815 zusammengeführt und der Landwirtschafts-Lkw T 157 Z als Typ T 815 Z AGRO in die neue Baureihe integriert.

Der Prototyp T 157 S3 von 1970, der eigentlich die Haubenkipper T 138 / T 148 ablösen sollte, war der erste Vorläufer der Baureihe T 815. (Foto: TMT)

Prototyp der Landwirtschaftsausführung T 157 Z von 1972 mit luftgefederten Hinterachsen für Wechselaufbauten.

Bereits im Juli 1973 informierten Tatra und Motokov ihre osteuropäischen Handelspartner in vertraulichen Angeboten über die neue Lkw-Baureihe T 815.

Zwei Jahre danach gab es eine erweiterte Information, die auch Fahrgestelle für Krane und Sonderaufbauten sowie einen vierachsigen Muldenkipper umfassten. Die vierachsigen Militärausführungen waren dabei noch nicht enthalten. Erst vier Jahre später veröffentlichte die DDR-Zeitschrift „Kraftfahrzeugtechnik" im Heft 9/1979 einen entsprechenden Beitrag. Zu sehen waren zunächst nur die zwei- und dreiachsigen zivilen Baumuster mit luftgekühlten V-10- und V-12-Zylindermotoren.

Die grundsätzliche Entwicklung des Typs T 815 einschließlich der Zulassungstests konnte 1975 abgeschlossen werden. Zu dieser Zeit entstand eine Reihe von Prototypen zu den verschiedenen Baumustern, u.a. Kipper,

T 157 S3	
Bauart:	Dreiseitenkipper
Bauzeit:	1970 - 1972
Motor:	Tatra 2-929-1, 10-Zylinder-V-Dieselmotor, luftgekühlt
Hubraum:	15.825 cm³
Leistung:	188 kW (256 PS) bei 2.000 U/min
Getriebe:	(5 + 1) x 2 Gänge (mit Zusatzgetriebe)
L x B x H:	7.080 x 2.500 x 2.850 mm
Radstand:	2.920 + 1.320 mm
Leermasse:	11.200 kg
Nutzmasse:	14.800 kg
Bereifung:	11.00-20 eHD
Höchstgeschwindigkeit:	71 km/h
Bemerkung:	Prototyp

Abbildungen von zwei Prototypen aus der vertraulichen Motokov-Information an die DDR-Handelspartner vom Juli 1973.

Die zweiachsige Sattelzugmaschine T 815 NT 16 4x4 aus der ersten Typenübersicht von 1973.

Prototyp des Nachfolgers der Schwerlastzugmaschine T 813 6x6 mit der verlängerten Kabine des Typs T 157 aus dem Jahr 1971.

Pritschenwagen und schwere Zugmaschinen. Von 1976 bis 1982 erfolgte die Montage von 210 Vorserienfahrzeugen des T 815, bevor 1983 die ersten 9.199 Serien-Lkw vom Band liefen. Die Serienausführung des T 815 unterschied sich optisch in Details von den Prototypen. So wurden für die Serie die Lufteinlässe am Grill vergrößert und die Windschutzscheibe geriet etwas schmaler als bei den frühen Kabinen.

Vorserienfahrzeug des Dreiseitenkippers T 815 S3, erkennbar an der Frontmaske mit den kleineren Lufteinlässen.

Schwerer Militärpritschenschlepper T 815 VVN - Prototyp von 1974, aufgenommen in der Ausstellung des früheren Tatra-Werksmuseums im Juli 1983. (Foto: MDü) ⇦

Baureihe T 815

Neun Jahre nach der vertraulichen Vorstellung der frühen Prototypen, stand der T 815 erstmals 1982 auf der Messe in Brno. Die Erweiterung des Werkes bei laufender Fertigung war noch nicht ganz abgeschlossen, trotzdem lief 1983 die Serienfertigung an, im ersten Jahr schon mit über neuntausend Fahrzeugen. Damit war das Sortiment der bisher gebauten zwei Baureihen T 148 und T 813 durch die deutlich modernere, umfangreiche Gesamtbaureihe T 815 ersetzt worden. Dies diente der Rationalisierung der Fertigung und zielte auch auf die Verbesserung der Ersatzteilversorgung. Der Umfang unterschiedlicher Baugruppen konnte bei Erweiterung des Sortiments um etwa ein Drittel reduziert werden.

Die Serienausführungen der Baureihe T 815 unterschieden sich von den Prototypen optisch besonders durch die drei größeren Lufteinlässe an der Front.

Einer der ersten T 815 Dreiseitenkipper, die in die DDR kamen auf dem Auslieferungsplatz von Automot im sächsischen Heidenau. (Fotos: MDü)

Optisch deutlichster Unterschied zu den Vorgängern war die moderne, kippbare Frontlenkerkabine in drei Aufbaulängen. Es gab ein Kurzfahrerhaus mit 2 Plätzen, eine mittellange Kabine mit 2 oder 4 Plätzen und Liegen sowie ein Langfahrerhaus mit 6 Sitzplätzen.

Zum Antrieb dienten die luftgekühlten Acht-, Zehn- und Zwölfzylinder-V-Motoren der neuen Baureihe T3, bei einigen Varianten auch mit Abgasturboaufladung. Konstruktive Neuerungen betrafen die Zylinderanordnung (von 75 auf 90 Grad verändert), die Abstände der Zylinder zueinander, die Kurbelwellenlager und das Kühlgebläse. Für einige Exportmärkte standen auch KHD-Diesel zur Verfügung.

Zum Einsatz kam eine Einscheiben-Trockenkupplung von Fichtel & Sachs, die im Werk TAZ Trnava in Lizenz entstand. Das 5-stufige Grundgetriebe wurde mit einer halbautomatischen Vorschaltgruppe ausgerüstet. Zugmaschinen erhielten zusätzlich ein zweistufiges Zwischengetriebe und damit 20 Vorwärtsgänge. Zentralrohrrahmen und Pendelachsen blieben erhalten, ebenso

wie die vorderen Torsionsstäbe zur Federung. Bei der Hinterachse waren halbelliptische Federn Standard. Bei einigen Sattelzugmaschinen und Pritschenwagen kamen hinten Luftfedern zum Einsatz, auch um den Sturz der Pendelachsen auszugleichen. Hinterachsdifferentiale und Zwischenachsausgleich waren abschaltbar, ebenso wie der Vorderachsantrieb. Bei den Typen mit zwei getriebenen Vorderachsen gab es permanenten Allradantrieb. Die Bremsanlage nutzte Bauteile, die nach einer WABCO-Lizenz in der Tschechoslowakei gefertigt wurden. Das Grundprogramm mit anfangs 36 Modifikationen umfasste Kipper, Pritschenwagen, Sattelzugmaschinen, Chassis für diverse Aufbauten sowie Spezialausführungen besonders für den militärischen Einsatz.

Von 1983 bis 1989 entstanden insgesamt 95.087 Lastwagen der Baureihe T 815, wobei die projektierte Jahresmenge von 15.000 Einheiten bereits 1987 nahezu erreicht wurde. Der größte Exportmarkt war die Sowjetunion, die etwa ein Drittel der Produktion abnahm.

Dagegen nahmen sich die Importzahlen der DDR - zumindest für den zivilen Bereich - relativ bescheiden aus. Bis 1989 waren es etwas mehr als 500 Lastwagen der Reihe T 815, davon allein 399 Kipper. Dazu kamen je 31 Sattelzugmaschinen und Schwerlastschlepper, 38 Feuerwehren und einige Spezialfahrzeuge. Deutlich höher

Die um 65 Grad kippbare Kabine erleichterte beim T 815 deutlich den Zugang zum luftgekühlten Dieselmotor. Auf dem Bild zu sehen mit abgesetztem Reserverad.

Ein aus zugelieferten tschechischen Baugruppen im chinesischen Autowerk Changzheng montierter Pritschenwagen T 815 V.

Maßzeichnung des Tatra T 815 S 3.

waren offensichtlich die Beschaffungen für den militärischen Sektor der DDR. Die Fachliteratur verzeichnet noch 832 Tatra T 815, die 1990 aus dem Bestand der NVA zur Bundeswehr übergingen. Das Typenspektrum bei der Volksarmee umfasste u.a. Kipper für die Spezialbautruppen, Sattelzugmaschinen, Tank- und Feuerlöschfahrzeuge sowie Chassis für diverse Sonderaufbauten. Einen großen Anteil hatten die als »schwere Radzugmittel« bezeichneten, drei- und vierachsigen Zugmaschinen T 815 VT und T 815 VVN.

Neben den Ländern des RGW/Comecon zählte auch China schon seit den 1950er Jahren zu den bedeutenden Tatra-Kunden. Nachdem 1984 bereits 300 Lkw T 815 dorthin geliefert werden konnten, stiegen die Exporte 1985 auf 2.700 Stück. Die Ministerpräsidenten Chinas und der Tschechoslowakei unterzeichneten 1985 ein

T 815 S3 26.208 6x6.2	
Bauart:	Dreiseitenkipper
Bauzeit:	1983 - 1990
Motor:	T3-929-1, 10-Zylinder-V-Dieselmotor, luftgekühlt
Hubraum:	15.825 cm^3
Leistung:	208 kW (280 PS) bei 2.200 U/min
Getriebe:	(5 + 1) x 2 Gänge (mit Vorschaltgruppe)
L x B x H:	7.000 x 2.500 x 3.150 mm
Radstand:	3.550 + 1.320 mm
Leermasse:	11.700 kg
Nutzmasse:	15.000 kg
Bereifung:	11.00-20
Höchstgeschwindigkeit:	88 km/h

Motorenbaureihe T 3 für Tatra T 815				
Typ	**Bauart**	**Hubraum**	**Leistung**	**Drehmoment**
T3-928	V 8 - Saugmotor	12.667 cm^3	170 kW / 2.200 U/min	840 Nm / 1.400 U/min
T3-929	V 10 - Saugmotor	15.825 cm^3	208 kW / 2.200 U/min	1010 Nm / 1.400 U/min
T3-930-30	V 12 - Saugmotor	19.000 cm^3	235 kW / 2.200 U/min	1130 Nm / 1.400 U/min
T3-930-53	V 12 mit Turbolader	19.000 cm^3	265 kW / 2.200 U/min	1295 Nm / 1.400 U/min

Von der BRD-Firma SEMEX in Dorsten angebotener, zweiachsiger T 815 Dreiseitenkipper mit Luftfederung und Meiller-Aufbau.

Abkommen über die Errichtung einer Montagefertigung für die Tatra-Lastwagen in der Automobilfabrik in Changzheng in der Provinz Hebei. Bereits im November 1985 verließ der erste T 815 das Werk. Montiert wurden in China jährlich zwischen ein- und zweitausend Tatra-Lkw aus Teilesätzen, u.a. Kipper, Pritschenwagen, Sattelzugmaschinen und Chassis, deren Spezialaufbauten von chinesischen Betrieben kamen.

Die T 815 S3 Dreiseitenkipper gehörten seit Einführung der Baureihe im Jahr 1983 zu den Volumenmodellen von Tatra. Durch die Spezialisierungsvereinbarungen im RGW / COMECON war der Absatz im gesamten Ostblockbereich gesichert. Aber auch im Westen war er nach der Vorstellung auf der IAA 1983 kein Unbekannter mehr. Dazu trug sicher auch der günstige Preis bei. Importeur SEMEX in Dorsten bot gegen Aufpreis auch KHD-Diesel an. Außerdem hatte SEMEX einen zweiachsigen, luftgefederten Kipper im Angebot, dessen Aufbau von Meiller stammte.

Die robuste Bauart, die hohe Geländetauglichkeit und die Luftkühlung der Motoren prädestinierten den T 815 S3 besonders für den Einsatz im schweren Baustelleneinsatz. Gleichermaßen geeignet war er auf der Straße, auch als Anhängerzug. Bis heute sind T 815 S3 als »Arbeitstiere« bei unseren östlichen Nachbarn anzutreffen.

Die T 815 S1 und S1 Arktik entstanden, wie alle Muldenkipperaufbauten, im slowakischen Zweigwerk Tatra Banovce, genauso wie schon die Vorgängertypen T 138 S1, T 148 S1 und T 813 S1. Ein großer Teil der in die Sowjetunion gelieferten Fahrzeuge war in Sibirien im Einsatz und wurde deshalb in der speziellen Variante »Arktik« gebaut. Die Sonderausführung umfasste eine abgasbeheizte Kippmulde mit doppeltem Boden, eine besondere Kabinenheizung und Abdeckungen der Frontpartie. Außerdem wurde anstelle der normalen, einteiligen und gewölbten Frontscheibe eine Verglasung aus geteilten Planscheiben eingesetzt, die sich nach einem Steinschlag leichter ersetzen ließen.

Die Sattelzugmaschinen T 815 NT waren sowohl zweials auch dreiachsig im Programm. An der Bezeichnung NTH war die zusätzliche Hydraulikeinrichtung für den Betrieb des Kippsattelaufliegers zu erkennen. Die Sattelzugmaschine T 815 NTH 6x6 mit Allradantrieb, Breitreifen, Luftfederung und starken V-12-Motoren eignete sich besonders für den Baustofftransport und war in der DDR auch im Wohnungs- und beim Straßenbau anzutreffen. Zur Verfügung stand auch eine aufgeladene Motorvariante mit 235 kW (320 PS). Satteltieflader und Tanksattelauflieger ließen sich damit zügig bewegen, ebenso wie militärische Auflieger. Ab 1985 waren die 320-PS-Sattelzugmaschinen in größerer Stückzahl auch bei der NVA der DDR im Einsatz. Insgesamt 291 Stück dieses Typs wurden 1990 noch von der Bundeswehr übernommen.

Mit der Bezeichnung T 815 V waren in der Baureihe die Pritschenfahrzeuge gekennzeichnet. Dabei stand das »V« für valnik, wie Lastwagen. Unter VX lief die mit einer Winde versehene zivile Ausführung und als VE verschiedene spezielle Bauformen, auch für den schweren Güterverkehr. Allerdings blieben die zivilen Fahrzeuge in der Minderzahl. So hatte z.B. der Typ T 815 VE 24 zwar eine mittellange Kabine mit zusätzlicher Liege, verfügte aber über einen zuschaltbaren Allradantrieb und breite Einzelbereifung. Zur Messe in Brno 1988 schob Tatra un-

T 815 NTH 22 235 6x6	
Bauart:	Sattelzugmaschine
Bauzeit:	1983 - 1990
Motor:	Tatra T 930-30, 12-Zylinder-V-Dieselmotor, luftgekühlt
Hubraum:	19.000 cm³
Leistung:	235 kW (320 PS) bei 2.200 U/min
Getriebe:	(5 + 1) x 2 Gänge (mit Zusatzgetriebe)
L x B x H:	6.500 x 2.500 x 3.185 mm
Radstand:	2.900 + 1.320 mm
Leermasse:	9.200 kg
Nutzmasse:	14.500 kg
Bereifung:	18.00-22.5
Höchstgeschwindigkeit:	92 km/h
Bemerkung:	Federung vorn: Torsionsstäbe, Federung hinten: Luftfederung

Die T 815 Dreiseitenkipper sind bis heute in Tschechien und in der Slowakei im Baustelleneinsatz anzutreffen, wie hier 2017 im slowakischen Poprad. (Foto: MH)

Ein Muldenkipper T 815 S 1 Arktik mit spezieller Ausrüstung für den Betrieb in Sibirien.

Maßzeichnung der Sattelzugmaschine Tatra T 815 NT.

Über den Baumaschinenhandel wurden auch die Beton-Transporter AP-174 von Vitkovice Ostrava und die Transportbetonmischer AM-369 von ZTS Kosice auf Fahrgestellen T 815 P1 bzw. T 815 P 14 in die DDR importiert. (Fotos: ERWE)

Die dreiachsigen Fahrgestelle T 815 P 6x6 eignen sich auch gut für die Montage verschiedener Kommunalaufbauten. (Fotos: ERWE) ⇧⇩

Der Ortsverband Staßfurt des Technischen Hilfswerks hat für schweres Gelände auch einen Tatra T 815 V im Bestand. (Foto: Stephan Czuratis / CC BY-SA 2.5)

Diese Sattelzugmaschine T 815 NTH war mit einem Goldhofer-Satteltieflader beim VEB Baukombinat in Dresden eingesetzt und kam 1990 zum Nachfolgebetrieb HASITRA Dresden. (Foto: MDü)

ter der Bezeichnung T 815 VE 16 170 noch eine 4x4-Pritschenvariante mit luftgefederter Hinterachse in ziviler Aufmachung nach. Allerdings war auch dabei die eigentlich militärische Bestimmung nicht zu übersehen, wie dies ohnehin auf die meisten VE-Pritschenwagen zutraf.

Die direkt für das Militär bestimmten schweren Prit-

Auch wenn dieses Werbefoto einen Einsatz im internationalen Güterfernverkehr vermittelt, dürfte dies auch bei den zweiachsigen Allrad-Sattelzugmaschinen T 815 NT eher die Ausnahme geblieben sein.

Die zivile Ausführung T 815 V konnte 16 Tonnen tragen und verfügte über eine Metallpritsche und Allradantrieb.

schenmodelle mit drei und vier Achsen, mittellanger Kabine und Winde wurden als VVN gekennzeichnet. Dies war die Abkürzung für vojenski valnik navijak = Militärlastwagen mit Winde. Sie dienten oft auch als Schlepper für die Artillerie.

Als Nachfolger der Zugmaschinen-Baureihe T 813 nahm Tatra die Typen T 815 VT 8x8 sowie T 815 TP 6x6 ins Programm. Die ausreichende Motorisierung mit 265 kW (360 PS) übernahm ein V-12-Zylinderaggregat mit zwei Turboladern. Der vierachsige Typ T 815 VT verfügte über eine kippbare Kabine mit 6 Plätzen, eine zusätzliche Pritsche, 10 Tonnen Tragfähigkeit und konnte 100 Tonnen schleppen. Möglich waren der Anbau eines Schiebeschilds oder eines Zweiseiten-Schneepfluges.

Die dreiachsige zivile Schlepper-Ausführung T 815 TP 24 265 6x6.1R mit luftgefederter Hinterachse ersetzte den Typ T 813 TP 6x6, war vorrangig für den Straßen-

Trotz der Kennzeichnung mit den Initialen der Spedition CSAD und der verlängerten Kabine war der T 815 V 24 285 6x6 kein typischer Fernverkehrs-Lkw.

Der auf der Messe in Brno 1988 gezeigte zweiachsige Pritschenwagen T 815 VE 4x4 konnte trotz der zivilen Lackierung die Eignung fürs Militär nicht verleugnen. (Foto: MDü)

Ein Militär-Pritschenwagen Tatra T 815 VVN 6x6 aus den Beständen der NVA der DDR. (Foto: ERWE)

Immer nur Schweres im Schlepp: Es gab kaum ein Gelände, kaum eine Anhängelast, mit denen die gewaltigen T 815 VT -Zugmaschinen nicht fertig wurden. Hier zu sehen die Varianten mit und ohne Schiebeschild. (Fotos: ERWE)

einsatz konzipiert und konnte nach Herstellerangaben 120 Tonnen ziehen. In der DDR waren sie für 96 Tonnen schwere Anhänger zugelassen. Die Zugmaschinen waren bis minus 40 Grad problemlos einsetzbar.

Die tschechische Luftfahrtgesellschaft CSA gab im Januar 1987 bei Tatra zwei starke Flugfeldschlepper mit einer maximalen Höhe von zwei Metern in Auftrag. Diese Sonderaufgabe übernahm das Tatra-Werk in Banovce. Im Sinne eines niedrigen Preises war es das Ziel, bei dem als T 815 TPL bezeichneten Typ möglichst viele Serienteile zu verwenden. Deshalb wurde eine umgebaute Kabine des Kranfahrgestells Typ PJ verwendet. Das TPL-Chassis

T 815 VT 8x8 mit gekippter Kabine und freigelegtem V-12-Zylindermotor.

Die schweren Schlepper T 815 VT 8x8 lieferte Tatra auch nach Asien. Hier zu sehen bei einer Parade der Armee in Sri Lanka. (Foto: Chamal Pathirana / CC BY-SA 3.0)

Die NVA der DDR hatte noch 1989 für die Luftaufklärung einen Gerätesatz KRTP86 »Tamara« beschafft. Dazu gehörte als Trägerfahrzeug für die 28 Meter hohe Antenne dieser Tatra T 815 VP13 8x8. Das Aufklärungssystem war bei der Bundeswehr noch bis zum Jahr 2000 im Einsatz. Das Tatra-Fahrzeug ist inzwischen auf dem ehemaligen Flugplatz Berlin-Gatow ausgestellt. (Foto: MDü)

	T 815 VT 26 265 8x8.1R
Bauart:	Zugmaschine
Bauzeit:	1983 - 1990
Motor:	Tatra 3-930-53, 12-Zylinder-V-Dieselmotor, luftgekühlt, 2 ATL
Hubraum:	19.000 cm³
Leistung:	265 kW (360 PS) bei 2.200 U/min
Getriebe:	(5 + 1) x 2 Gänge (mit Vorschaltgruppe)
L x B x H:	9.340 x 2.500 x 3.240 mm
Radstand:	1.650 + 2.970 + 1.450 mm
Leermasse:	15.700 kg
Anhängemasse:	Straße: 70.000 kg; Gelände: 15.000 kg
Bereifung:	15.00-21 TO3
Höchstgeschwindigkeit:	80 km/h

stammte von der Straßenzugmaschine T 815 TP 6x6, wobei hinten einfachere Gummifedern eingesetzt wurden. Bei der Typprüfung schleppte der T 815 TPL einen voll beladenen, 405.000 kg schweren Großfrachter AN-124. Der erste Schlepper wurde Ende 1987 ausgeliefert. Der zweite folgte in etwas überarbeiteter Ausführung im Mai 1988. Kurz darauf präsentierte Tatra den TPL-Schlepper auf der Messe in Brno.

Flugfeldschlepper T 815 TPL im Einsatz auf dem Flughafen Prag Ruzyne.

Zum Typenprogramm der Baureihe T 815 gehörten verschiedene Fahrgestelle für zivile und militärische Sonderaufbauten. Deren Typenkennungen enthielten meist ein »P« für podvozek = Fahrgestell, »PR« mit Hilfsrahmen oder »PJ« für podvozek jerab = Kranfahrgestell. Durch die hohe Geländgängigkeit und Tatra-typische verwindungssteife Zentralrohrbauart ergaben sich deutliche Vorteile für die Aufbauhersteller und die Nutzer. Die Ausführungen der Fahrgestelle waren vielfältig, um möglichst alle Aufbauwünsche abdecken zu können. Es gab Chassis in verschiedenen Radständen mit oder ohne Hilfsrahmen oder Nebenabtrieb. Die Kabine war entweder direkt über der Vorderachse angeordnet, oder sie war etwas nach vorn versetzt, um größere Aufbaulängen zu ermöglichen. Die Aufbauvarianten, auch der in

T 815 TPL 28 235 6x6.1R	
Bauart:	Flugfeldschlepper
Bauzeit:	1987 - 1988
Motor:	Tatra T3-930-11, 12-Zylinder-V-Dieselmotor, luftgekühlt
Hubraum:	19.000 cm³
Leistung:	235 kW (318 PS) bei 2.200 U/min
Getriebe:	(5 + 1) x 2 Gänge (mit Zusatzgetriebe)
L x B x H:	7.900 x 2.500 x 1.950 mm
Radstand:	1.650 + 2.970 mm
Leermasse:	28.000 kg
Anhängemasse:	400.000 kg
Bereifung:	18.00 R 22.5 NR
Höchstgeschwindigkeit:	70 km/h

Die zweite etwas überarbeitete Ausführung des Flugfeldschleppers T 815 TPL auf der Messe in Brno 1988. (Foto: MDü)

Eine Straßenzugmaschine T 815 TP 6x6 bei der Präsentation zur Leipziger Herbstmesse 1987. (Foto: MDü)

Das Fahrgestell T 815 PR1 verfügte über einen Hilfsrahmen und diente als Basis für Kipper, Absetzkipper und Betontransporter.

Ost- und Westdeutschland eingesetzten Spezialfahrzeuge waren besonders im Bausektor vielfältig. Es gab Betonmischer, Teleskopbagger und Hubbühnen. Dazu kamen Absetzkipper und Tankaufbauten sowie Spezialausführungen für die Land- und Forstwirtschaft.

Einen sehr speziellen Sonderaufbau fertigte Vagonka Studenka 1987 unter der Bezeichnung T 815 GTC. Als Basis diente ein Fahrgestell, wie es auch bei den Militär-Pritschenwagen T 815 VE 6x6 Verwendung fand. Die Abkürzung GTC stand für Grand Tourist Caravan und

Der Hersteller ZTS Kosice nutzte Chassis vom Typ T 815 P13 für verschiedene Ausführungen von Tankaufbauten zum Transport von Wasser, Lebensmitteln und auch Kraftstoffen. Vorn zu sehen ein T 815CAV 11 mit Trinkwassertank.

Ein angepasstes Chassis T 815 PR1 in Arktik-Ausführung diente als Grundlage dieses Holztransporters vom Typ T 815 LPA 10x6, der für die Sowjetunion bestimmt war. (Foto: MDü)

kennzeichnete ein Expeditionsfahrzeug, das Platz für eine fünfköpfige Mannschaft bot. Im Auftrag des Tatra-Werks und des Handelsbetriebs Motokov unternahm ein Team vom März 1987 bis Ende April 1990 eine Weltreise, um für die Qualitäten der Tatra-Laster zu werben. Auf einer fast 140.00 km langen Strecke durchfuhr die Expediton insgesamt 67 Länder.

Für den Aufbau von Kränen und auch Hochhubbühnen hatte Tatra mehrere Fahrgestelle im Programm. Die meisten tschechischen Kranaufbauten stammten aus dem Werk Slany des Nationalunternehmens CKD. Die leichteren Kran-Ausführungen AD 14, AV 14 und AD 20 waren auf den Chassis T 815 P 18 und T 815 P 14 montiert. Hauptsächlich zwei Spezial-Chassis, das dreiachsige PJ 28 und das vierachsige PJ 36, wurden von Tatra in der Reihe T 815 für große Mobilkräne angeboten. Bei diesen speziellen Fahrgestellen wurde die Kabine weit vorn und mit einer maximalen Höhe von 2.100 mm montiert. Zum Antrieb dienten V-8-Zylindermotoren, der Vorderachs-Antrieb konnte zugeschaltet werden. Typische Aufbauten waren der Autokran AD 28 von CKD Slany und die Hochhubbühne MP 27-2 von SUB Uhersky Brod auf dem Chassis T 815 PJ 28. Dazu kam z.B. der Kran Vitkovice-DEMAG HTD 50 auf T 815 PJ 36. Für noch schwerere Kranaufbauten gab es ab 1987 den fünfachsigen T 815 PJ 53 mit 235-kW-Motor, dem 1988 das sechsachsige Chassis T 815 PJ 64 folgte. Auf diesem Tatra-Fahrgestell montierte Hutni Montaze Vitkovice unter der Kooperationsbezeichnung HDT 100 den deutschen 100-Tonnen-Kran DEMAG AC 265. In der BRD konfektionierte SEMEX verschiedene Kranfahrgestelle mit Tatra-Technik und eigenen Kabinen, teils auch mit KHD-Motoren.

Der T 815 GTC während der Weltexpedition bei einem Stopp in Australien auf der Fahrt nach Alice Springs.

Der T 815 GTC von 1987 gehört heute neben anderen Expeditions- und Wettbewerbsfahrzeugen zur Sammlung des Tatra-Museums in Koprivnice. (Foto: MDü)

Die seit 1948 unter dem Namen THZ verstaatlichte Firma Stratilek aus Vysoke Myto gehörte ab 1962 zum Staatsbetrieb Karosa. Das Unternehmen hatte bereits auf der Basis von Tatra-Haubenlastern eine Reihe von Spezialaufbauten für die Brandbekämpfung und Rettung

T 815 PJ 28 170 6x6.1	
Bauart:	Spezialfahrgestell
Bauzeit:	1984 - 1990
Motor:	Tatra 3-928-32, 8-Zylinder-V-Dieselmotor, luftgekühlt
Hubraum:	12.666 cm³
Leistung:	170 kW (230 PS) bei 2.200 U/min
Getriebe:	(5 + 1) x 2 Gänge (mit Zusatzgetriebe)
L x B x H:	8.440 x 2.500 x 2.275 mm
Radstand:	3.950 + 1.320 mm
Leermasse:	8.000 kg
Nutzmasse:	20.000 kg
Bereifung:	18.00-22.5
Höchstgeschwindigkeit:	76 km/h

Autokran AD 28 von CKD Slany auf dem Tatra-Chassis T 815 PJ 28. (Foto: MH)

Ebenfalls das Chassis T 815 PJ 28 nutzte die Firma SUB zum Aufbau von Hochhubbühnen. Hier zu sehen in der Feuerwehr-Sonderausführung PP-27-2 bei der FFW Kleinmachnow. (Foto: ERWE)

Der CKD-Kran AV 14 auf Chassis Tatra T 815 P 18 wurde in der DDR auch bei der NVA als Berge- und Abschleppfahrzeug eingesetzt.

Der 100-Tonnen-Kran HDT 100 als Kooperationsprodukt von Tatra, Hutni Montaze Vitkovice und DEMAG von 1988. Von den sechs Achsen waren vier lenkbar.

entwickelt. Besonders die Tanklöschfahrzeuge T 138 ASC 32 und T 148 CAS 32 waren in der Tschechoslowakei und den Ostblockländern weit verbreitet. Es war also nur folgerichtig, auch die moderneren und stärkeren Lkw des Typs T 815 für diesen Einsatzzweck zu nutzen.

Das mit insgesamt 1.877 Stück erfolgreichste Feuerlöschfahrzeug auf T-815-Basis war der ab 1984 gebaute T 815 CAS 32, ein Tanklöschfahrzeug mit einer Löschmittel-Pumpenleistung von 3.200 Liter pro Minute und einer Wurfweite von 70 Metern. Gegenüber den oben genannten Vorgängertypen konnte die Tankkapazität für die Feuerlöschmittel vergrößert werden und umfasste nun 8.200 Liter Wasser und 2 x 400 Liter Schaum. Um vom Alu-Dach des Tankaufbaus aus arbeiten zu können, wurde dieses verstärkt und rutschfest ausgeführt. Als

T 815 CAS 32	
Bauart:	Tanklöschfahrzeug
Bauzeit:	1984 - 1990
Motor:	Tatra 3-930-30, 12-Zylinder-V-Dieselmotor, luftgekühlt
Hubraum:	19.000 cm^3
Leistung:	235 kW (320 PS) bei 2.200 U/min
Getriebe:	(5 + 1) x 2 Gänge (mit Zusatzgetriebe)
L x B x H:	8.510 x 2.500 x 3.350 mm
Radstand:	3.700 + 1.320 mm
Leermasse:	12.952 kg
Nutzmasse:	9.440 kg
Bereifung:	18.00-22,5 NB 31
Höchstgeschwindigkeit:	95 km/h
Bemerkung:	auf Chassis T 815 PR 2

Die ursprüngliche Ausführung des CAS 32 mit großen Seitenklappen 2005 im Depot der Ortsfeuerwehr von Sluknov in Nordböhmen. (Foto: MDü)

Ein Tanklöschfahrzeug T 815 CAS 32 mit rekonstruiertem Karosa-Aufbau bei einer Einsatzvorführung. (Foto: Ralf Weinreich)

Basis des CAS 32 diente das dreiachsige Chassis T 815 PR2 mit einem 12-Zylinder-V-Dieselmotor, der 235 kW (320 PS) leistete. Das kippbare Fahrerhaus bot vier Feuerwehrleuten Platz.

Die DDR hatte vom Typ T 815 CAS 32 insgesamt 72 Stück für den zivilen und militärischen Einsatz beschafft. Viele der robusten und geländegängigen Fahrzeuge wurden auch nach 1990 genutzt und im Herstellerwerk überholt, wobei meist die großen Klappen des Feuerwehraufbaus gegen Jalousien ausgetauscht wurden.

Neben dem CAS 32 hatte Karosa auch den Schaumlösch-Aufbau PHA 32 für den Einsatz in der Chemieindustrie im Angebot. Für solche speziellen Fälle setzte die DDR aber auf die schon bewährten Rosenbauer-Lösch–

Ein Schaumlösch-Aufbau PHA 32 von Karosa auf dem Fahrgestell T 815 PR2.

Ein Tanklöschfahrzeug CAS 32 (TLF 32) bei einer Großübung in den Chemischen Werken Buna. (Foto: ERWE)

aufbauten aus Österreich. Auf dem Chassis des T 815 6x6 erhielt z.B. 1986 die Werksfeuerwehr des PCK Schwedt / Oder ein Schaumlöschfahrzeug SLF 8500. Noch 1990 lieferte Rosenbauer ein Universal-Löschfahrzeug ULF 4500/3000 an die Leuna-Werke.

Die Firma Sehal aus Poricani bot 1998 auf der Messe in Brno Umbauten von Tanklöschfahrzeugen CAS 32 von den ursprünglichen 6x6-Chassis auf wendigere, zweiachsige T815-Fahrgestelle an. (Foto: MDü)

Bei einem Eisenbahnfest in Nordböhmen präsentierte der Katastrophenschutz der tschechischen Feuerwehr neben dem Rüstwagen TA4 - T 815 auch einen Autokran AD-28 auf T 815 PJ. (Foto: MH)

Rosenbauer Universal-Löschfahrzeug ULF 4500/3000 auf Tatra T 815 6x6, im Jahr 1991 an die Werksfeuerwehr Leuna geliefert, später dann im Einsatz auf dem Flughafen Cochstädt. (Foto: ERWE)

Prototyp T 162

Obwohl die Serienfertigung der Baureihe T 815 gerade erst 1983 richtig angelaufen war, arbeitete die Entwicklungsabteilung schon an wesentlichen Detailverbesserungen und sogar an einer neuen Typenfamilie. Bereits um die Jahreswende 1985 / 1986 montierte man das erste Funktionsmuster eines Hinterkippers unter der Projektbezeichnung T 162. Neben Detailverbesserungen am Kipperaufbau ging es zunächst um die Erprobung der Luftfederung an allen Achsen in Kombination mit großen Rädern, einzelbereift in der Dimension 16,00R20. Optisch herausragendes Merkmal war die sehr modern gezeichnete Haubenkabine. Diese war Teil eines »Baukastens«, zu dem auch Frontlenker gehören sollten. Die Entwürfe stammten von Petr Pustka, dem späteren technischen Direktor des Tatra-Werks. Im Ergebnis eines umfangreichen Testprogramms folgte im April 1988 ein zweiter Prototyp als T 162-2, diesmal u.a. mit modifizier-

Der gut erhaltene Prototyp T 162-2 von 1988 im Tatra-Museum in Koprivnice. (Foto: TMT, MDü) ⇧⬀

Das erste Funktionsmuster des neuen Haubenkippers Tatra T 162 S1 K 6x4 von 1986 mit Luftfederung und groß dimensionierter Einzelbereifung an den Hinterachsen.

ten Achsen des T 815 ohne Reduktion in Radnaben und mit hinterer Doppelbereifung der Dimension 12,00R24. Vorn gab es eine Luftfederung und hinten eine Kombination von Luft- und Blattfederung. Zum Einsatz kam eine Monoblock-Hydrolenkung von Csepel aus Ungarn.

Der dritte Prototyp des T 162 folgte Ende 1989, nun allerdings in Frontlenker-Bauweise. Es war ein Dreiseitenkipper mit zwei angetriebenen Hinterachsen. Die Kabine war vorn auf Silentblöcken und hinten mit Schraubenfedern und Teleskopstoßdämpfern gelagert. Zum Einsatz kam der Tatra-Motor T5-928-51 mit zwei Turboladern und Ladeluftkühlern, der 288 kW (388 PS) leistete. Dazu kam ein komplett neues Schaltgetriebe. Noch bis ins Jahr 1990 wurden vielfältige Funktionsprüfungen durchgeführt. Doch die zu dieser Zeit auch in der Tschechoslowakei einsetzenden politischen und ökonomischen Veränderungen mit der Liquidation traditioneller Märkte trafen das Tatra-Werk und auch die am Projekt T 162 beteiligten Zulieferer sehr hart. Zu einer Serienfertigung des T 162 kam es nicht mehr. Die existierenden Prototypen wurden teilweise umgebaut und noch für andere Testaufgaben genutzt. Ein Teil der Ergebnisse floss in die Baureihe T 163 ein, die bedingt durch die wirtschaftlichen Probleme des Tatra-Werks aber erst 1997 vorgestellt werden konnte. Der Prototyp T 162-2 gelangte 1996 in die Sammlung des Technischen Museums in Koprivnice.

Als dritter Prototyp der Reihe T 162 folgte Ende 1989 der Dreiseitenkipper Tatra T 162 S3 6x4 mit modern gestalteter Frontlenkerkabine.

T 162-2 S 1 /K 6x6	
Bauart:	Muldenkipper
Bauzeit:	1988
Motor:	Tatra T5-926-52, 6-Zylinder-V-Dieselmotor, luftgekühlt
Hubraum:	9.500 cm³
Leistung:	200 kW (272 PS) bei 2.000 U/min
Getriebe:	(6 + 1) x 2 Gänge (mit Zusatzgetriebe)
L x B x H:	8.510 x 2.500 x 3.350 mm
Radstand:	3.700 + 1.320 mm
Nutzmasse:	21.000 kg
Höchstgeschwindigkeit:	97 km/h
Bemerkung:	Prototyp – unvollständige Angaben

Die marktwirtschaftliche Entwicklung des Unternehmens seit 1990

Unternehmensentwicklung und Fahrzeuge seit 1990

In keiner Periode der Unternehmensgeschichte gab es für Tatra so viele Umbrüche und schicksalhafte Momente wie in der Zeit nach 1990. Noch 1989 hatte die Jahresproduktion bei mehr als 15.300 Lkw gelegen und fast die Hälfte der Produktion war in die Sowjetunion exportiert worden. Das Unternehmen beschäftigt zu dieser Zeit in Koprivnice und in den Zweigwerken 15.000 Mitarbeiter. Das Jahr 1990 mit seinen politischen und wirtschaftlichen Veränderungen brachte deutliche Auswirkungen für das Tatra-Werk.

Das weit verzweigte Nationalunternehmen wurde im Sinne einer höheren ökonomischen Eigenverantwortung und einer schlankeren Struktur zunächst in ein »Kombinat« umgewandelt. Dabei kam es auch zur Ausgliederung des Zweigwerkes im slowakischen Banovce. Dieser Betrieb war im Rahmen eines Programms zur Industrialisierung der Slowakei ab 1950 in Banovce nad Bebravou errichtet worden und baute anfangs Militärtechnik, Winden und Geräte für die Landwirtschaft.

Ab 1958 erfolgte der Anschluss des Betriebes an das Unternehmen Tatra Koprivnice. Gefertigt wurden zunächst Kabinen, Motoren und Wechselgetriebe. Vom April 1958 bis 1970 erfolgte im Werk Banovce die komplette Montage der Zugmaschinen T 141 und auch die Entwicklung des Nachfolgetyps T 813. Ab 1966 hatte der Betrieb die Montage aller Tatra-Muldenkipper übernommen, beginnend mit dem Typ T 138 S1 bis hin zum T 815 S1, auch in den jeweiligen Arktik-Ausführungen für den Export in die Sowjetunion. Zum Fertigungsprogramm gehörte bereits ab 1973 ein großer Teil der auch im Hauptwerk Koprivnice benötigten Rahmen-Komponenten. Auch die Montage der Dakar-Rallye-Lkw erfolgte von 1986 bis 1989 durch die slowakischen Mitarbeiter.

Ende 1990 verließ das Werk den Tatra-Verbund und wurde unter dem Kürzel VAB (= Vyroba automobila Banovce) zunächst ein slowakischer Staatsbetrieb. Im Zuge der Privatisierung übernahm dann 1993 das Unternehmen Sipox aus Bratislava die Aktienmehrheit. Eine zeitweise Beteiligung von Tatra Koprivnice an VAB Sipox lief bis 1998, hauptsächlich um die Zulieferung von Komponenten und die Montage einiger Komplett-Lkw zu sichern.

Zwei Tatra T 815-6 10x10 mit Smerch-Raketenwerfer-Aufbau bei einer Parade der indischen Armee 2012. (Foto: Hemantphoto79 / CC BY-SA 3.0)

Tatra-Sipox Kipper Katasi S1 von 1996 mit Tatra-Chassis und KamAZ-Antrieb für den Export in die Sowjetunion.

Dazu gehörte 1996 auch der Tatra-Sipox Katasi, ein Muldenkipper für den Export nach Russland, bestehend aus dem Chassis und den Achsen des Tatra T 815 sowie Kabinen, Motoren und Schaltgetrieben von der russischen Firma KamAZ. Allerdings sollen von diesem Typ letztlich nur 30 Stück montiert worden sein.

Nach dem Ausstieg von Tatra Koprivnice gehörte das VAB-Werk zur Sipox-Holding Bratislava, nutzte aber zunächst den Markennamen Tatra-Sipox weiter, auch für die neu vorgestellten Aktis-Fahrzeuge. Dahinter verbargen sich mittelschwere Lkw, die unter Nutzung eigener Rahmen und Achsen mit MAN-Kabinen und -motoren sowie anderen westlichen Teilen konfektioniert wurden. Bis 2002 hielten sich die Fertigungsstückzahlen dieses Typs aber in bescheidenen Grenzen, ebenso wie die des mit Kabinen und Motoren von LIAZ montierten Tatran-Allradlasters. Tatra-Sipox war mit der Lieferung schwerer T-815-Chassis auch an der Fertigung verschiedener Militär-Spezialfahrzeuge beteiligt, die unter der Bezeichnungen Tatrapan und Zuzana angeboten wurden.

Tatra-Sipox Katasi S1	
Bauart:	Muldenkipper
Bauzeit:	1996
Motor:	KamAZ 7403.10, 8-Zylinder-V-Dieselmotor, wassergekühlt
Hubraum:	10.850 cm³
Leistung:	191 kW (260 PS) bei 2.200 U/min
Getriebe:	(5 + 1) x 2 Gänge (KamAZ 15, mit Zusatzgetriebe)
L x B x H:	7.700 x 2.500 x 2.940 mm
Radstand:	3.550 + 1.320 mm
Leermasse:	12.100 kg
Nutzmasse:	16.400 kg
Bereifung:	11.00 R 20
Höchstgeschwindigkeit:	k.A.
Bemerkung:	für den Export nach Russland

Unter dem 30.06.2004 vermeldet das slowakische Handelsregister den Konkurs der Firma VAB. Auf dem Gelände in Bánovce nad Bebravou wurde im Jahr 2005 die Gesellschaft »LKW Komponenten s.r.o.« als selbständige

Ein Tatra-Sipox Aktis mit Kofferaufbau. Technische Merkmale waren Leiterrahmen, Starrachsen, Allradantrieb und MAN-Komponenten.

Ein seltener Tatra-Sipox Aktis 4x4 mit einem Feuerlöschaufbau von THT Policka.

Für die in Kooperation mehrerer slowakischer Firmen gebauten Tatrapan-Militärfahrzeuge lieferte Tatra-Sipox die Chassis des Typs T 815 6x6.

Tochtergesellschaft der MAN Nutzfahrzeuge Österreich AG gegründet und gehört damit seit 2012 zum Volkswagen-Konzern. Im Werk fertigen etwa 300 Mitarbeiter diverse Komponenten und Fahrzeugteile als Zulieferung für die Lkw-Werke des MAN-Verbundes.

Trotz der 1990 erfolgten Einführung der technisch erneuerten Baureihe T 815-2 hatten das Werk in Kopřivnice und seine Zulieferer ab 1991 mit stark rückläufigen Verkäufen zu kämpfen. Besonders durch die Auflösung des RGW / Comecon im Juni 1991 und die wirtschaftlichen Schwierigkeiten der ehemaligen Mitgliedsstaaten verringerten sich die Absatzmöglichkeiten für die Tatra-Lkw erheblich.

Weitere große Probleme brachten die UN-Sanktionen 1992 gegen Libyen, welche die Auslieferung von mehreren Hundert bestellter, aber nicht bezahlter Lkw blockierte. Dazu kam noch die Stornierung eines großen Pkw-Auftrags aus Nord-Korea.

Bei der Umstellung der tschechischen Wirtschaft wurde 1992 entschieden, Tatra im Rahmen der sogenannten »Koupon-Privatisierung« in eine Aktiengesellschaft zu überführen. Die Lösung der damit verbundenen kritischen wirtschaftlichen Situation vertraute die tschechische Regierung einem amerikanischen Management bei Tatra an.

Im Jahre 1996 kauften die Skoda-Werke in Plzen 43,5 Prozent der Aktienanteile von Tatra mit dem Ziel, die Firma gemeinsam mit LIAZ und Skoda Bus in ein großes nationales Nutzfahrzeugunternehmen zu integrieren, was letztlich scheiterte.

Ein Blick auf die Stadt Koprivnice mit dem Werk und dem Testgelände von Tatra in den 1990er Jahren.

Auch auf den Prospekten firmierte das Unternehmen von 2003 bis 2006 mit der gemeinsamen Bezeichnung TEREX-TATRA.

Da Tatra zu dieser Zeit aber noch am slowakischen Tatra-Sipox-Werk beteiligt war, übereignete Skoda Plzen Markenrechte von Tatra an die Sipox-Gruppe, was zu Unklarheiten und später zu juristischen Auseinandersetzungen führte.

Das Jahr 1997 brachte neben der Einführung des TERRNo1 genannten T-815-Nachfolgers auch die Eröffnung eines neuen Firmenmuseums aus Anlass des einhundert-jährigen Jubiläums der Automobilproduktion in Koprivnice. Allerdings wurde nur ein Jahr darauf die Pkw-Fertigung im Werk Pribor endgültig eingestellt und die jährliche Lkw-Fertigung sank auf etwa 1.500 Einheiten.

Bereits im Juni 1998 verkündete Skoda Plzen, das Unternehmen Tatra wieder verkaufen zu wollen. Um den Betrieb zu retten, übernahm der tschechische Staat zunächst 91 Prozent der Skoda-Aktienanteile und suchte einen neuen Investor.

Trotz aller wirtschaftlichen Unsicherheiten hatte sich Tatra bemüht, das Lkw-Angebot zu erweitern. Dazu gehörten die Militär-Versionen LIWA und ARMAX und ab 1999 der Hauben-Laster T 163 JAMAL.

Im November 2001 erfolgte für 32 Millionen US-Dollar die Übernahme der Firma Tatra durch die amerikanischen Gesellschaft SDC Inc., die wenig später 40,6 Prozent ihrer Anteile an die TEREX Corporation weiterveräußerte.

Da die zivilen Exporte in westliche Länder am begrenzten Motorenangebot und auch am dünnen Servicenetz krankten, gab es verstärkte Aktivitäten, Tatra als Rüstungslieferant weiter zu etablieren. Sogar ein Joint-venture zur Fertigung in den USA wurde diskutiert.

Im Jahr 2001 lieferte Tatra 1.604 Lkw, 2002 waren es 1.761 Stück, davon 493 als Teilesätze. Die Exportchancen und die ökonomischen Ergebnisse wurden allerdings auch durch die starke tschechische Währung negativ beeinflusst.

Im Herbst 2003 übernahm TEREX die Aktienmehrheit an Tatra. Von da an firmierte das Unternehmen unter TEREX-TATRA. Mit drastischen Maßnahmen und dem Umbau des Managements sollten die Kosten reduziert werden. Die Anteile der Lkw-Verkäufe an zivile und militärische Kunden hielten sich etwa die Waage. Verstärkt wurde versucht, auch bei der tschechischen Armee wieder größere Lieferanteile zu sichern.

Aber auch die Konstellation TEREX-TATRA war nicht von langer Dauer. Im Oktober 2006 erwarb ein Konsortium tschechischer, europäischer und amerikanischer Investoren die Tatra-Aktienmajorität von TEREX und gründete die Tatra-Holdings s.r.o..

Zu diesen neuen Eigentümern gehörte auch die Vectra Ltd., über welche seit 1997 die umfangreichen Tatra-Militärlieferungen nach Indien abwickelt wurden. Diese Verflechtung sollte sich später noch zum ernsten Problem für Tatra entwickeln.

Im Jahr 2006 verfügte Tatra noch über 3.800 Beschäftigte, die 1.607 Lkw bauten. Dazu gehörten auch neue Militär-Lkw der Reihe T 815-6 FORCE. In dieselbe Kundengruppe orientierten die 2007 vorgestellten Typen T 810 und T 815-7.

Von den im Jahr 2007 insgesamt gebauten 2.431 Lastwagen lieferte Tatra allein 923 Stück zum indischen Militär. Ein weiterer Großauftrag von diesem Kunden folgte 2010 über insgesamt 788 Fahrzeuge, davon 498 schwere Vierachser, lieferbar innerhalb von 18 Monaten.

Um auch die zivilen Kunden im Inland und beim Export besser bedienen zu können, erfolgte 2010 zunächst ein Facelift beim T-815-2-Nachfolgetyp TERRNo1. Aber die Produktpalette brauchte dringend technische und

Auszug aus dem militärischen Lieferprogramm der indischen Firma BEML mit Tatra-Fahrzeugen und in Indien montierten Spezialausführungen.

Ein BEML-TATRA T 815 V HDT 10x10 Spezialpritschenwagen mit Ladekran. (Foto: BEML)

optische Innovationen. Deshalb schloss Tatra mit der PACCAR-Tochter DAF Trucks N.V. im August 2011 einen Kooperationsvertrag. Dieser beinhaltete die Lieferung von DAF-Kabinen und PACCAR-Motoren für die neue Tatra-Modellreihe PHOENIX. DAF übernahm auch 19 Prozent der Geschäftsanteile von Tatra und sagte zu, die Tatra-Lkw in sein Vertriebsprogramm zu integrieren.

Allerdings geriet Tatra im Laufe des Jahres 2012 in akute finanzielle Schwierigkeiten, ausgelöst vom totalen Abnahmestopp und einem fehlenden Anschlussvertrag seitens der indischen Armee. Dadurch rutschte die 2012 produzierte Stückzahl in Koprivnice auf unter 500 Fahrzeuge ab.

Von 1986 bis 2011 hatte Indien mehr als 2.500 zivile Laster und 7.000 Tatra-Lkw für seine Streitkräfte importiert. Die Tatra-Fahrzeuge dominierten bei der indischen Armee den schweren Lkw-Bereich. Sie dienten zum Transport und der Bergung von Panzern, zur Pontonverlegung und als Artillerie-Schlepper. Dazu kam eine umfangreiche Palette von Spezialaufbauten. Besondere militärpolitische Bedeutung hatten die vier-, fünf- und sechsachsigen Tatra-Fahrgestelle als Träger für Raketensysteme der Bauarten Smerch, Pinaka, Akash, Prithiv und BrahMos. Bei letzteren handelte es sich um Überschall-Marschflugkörper, die gemeinsam mit Russland entwickelt worden waren und auch Atomsprengköpfe tragen konnten.

Die Vorgänge, die nun zum Abbruch der Tatra-Lieferungen an Indien führten, böten sicher Stoff für eine umfangreiche und spannende Darstellung, können in diesem Rahmen aber nur sehr verkürzt beschrieben werden.

Die Militärgeschäfte mit Indien hatten bereits 1986, also zu Zeiten der sozialistischen Tschechoslowakei begonnen. Zuständig war das auf Militärtechnik spezialisierte Außenhandelsunternehmen Omnipol. Die Ge-

Ein schweres Bergefahrzeug AV 15 auf Basis des T 815 8x8 für die indische Armee. Den gleichen Typ nutzte auch die NVA der DDR. (Foto: BEML)

Die in größerer Stückzahl bei den indischen Streitkräften eingesetzte Artillerie-Zugmaschine BEML-Tatra T 815 VVNC 6×6 mit zusätzlicher Mannschaftskabine. (Foto: BEML)

Die von Tatra Koprivnice zur Montage im BEML-Werk Palakkad zugelieferten Fahrerkabinen trugen auch das BEML-Markenzeichen. (Foto: BEML)

schäfte mit der indischen Armee entwickelten sich sehr gut. Ein großer Teil der Fahrzeuge wurde als CKD-Bausätze geliefert. Die Montage von jährlich bis zu 400 Fahrzeugen übernahm das Werk Palakkad der großen staatlichen Gesellschaft Bharat Earth Movers Limited (BEML).

Ab 1997 wurden die Lieferungen von Tatra zum indischen Militär über Zwischenhändler abgewickelt, was den Preis für den Endkunden in die Höhe trieb.

Bereits 1993 hatte Ravi Rishi, ein britischer Geschäftsmann mit indischen Wurzeln, über die ihm gehörende Vectra Holding-Gesellschaft, Aktienanteile sowohl an der tschechischen Tatra AG, wie auch an der slowakischen Tatra-Sipox-Gesellschaft erworben. Insgesamt managte Ravi Rishi über die Vectra-Group ein Geflecht von 18 Firmen in Indien und Osteuropa. Den Namen Tatra-Sipox nutzte Rishi auch für eine Tochtergesellschaft in London. Diese trat ab 1997 für zehn Jahre als Lieferant der Tatra-Lkw und CKD-Sätze an BEML auf, von wo der Weiterverkauf an die indische Armee erfolgte. Diese Regelung wurde 2007 zunächst sogar verlängert, trotz der in Indien deutlicher werdenden Kritik an diesen verschlungenen und teuren Handelswegen. Doch nach dem Vertrag von 2010 über 788 Lastwagen wendete sich das Blatt dramatisch und das Werk in Koprivnice geriet in eine existentielle Krise.

Es ging nun um einen Anschlussvertrag über insgesamt 1.676 Tatra-Fahrzeuge. Da meldete sich im März 2012 der ehemalige Generalstabschef V.K. Singh in den indischen Medien zu Wort. Ihm sei vom pensionierten Offizier Tejinder Singh ein Bestechungsgeld in Höhe von 14 Millionen Rupien angeboten worden, um eine erste Tranche von 600 Lkw zu genehmigen. Gleichzeitig kritisierte General V.K. Singh in der Öffentlichkeit weitere Punkte an der bisherigen Tatra-Beschaffung. Neben dem überhöhten Preis durch Zwischenhändler, war dies auch der zu geringe Umfang der bei der BEML-Montage verwendeten einheimischen Bauteile. Für Unzufriedenheit sorgten zudem Probleme bei Ersatzteillieferungen durch Tatra.

Die zentrale indische Untersuchungsbehörde CBI (Central Bureau of Investigation) übernahm im April 2012 die Ermittlungen. Im Focus standen neben dem genannten Offizier der Unternehmer Ravi Rishi und der Vorsitzende der Geschäftsführung des Unternehmens BEML. Bis zum Abschluss der CBI-Untersuchungen zu allen Vorwürfen wurde die Beschaffung von Tatra-Fahrzeugen auf Eis gelegt. Dadurch stockten auch prestigeträchtige Schlüsselprojekte der indischen Armee, wie der Ausbau der landgestützten Version der BrahMos-Marschflugkörper, die auf den Spezialchassis Tatra T 815-6 12x12.1R montiert wurden. Bei einer neuen Ausschreibung beteiligten sich neben indischen auch russische und belarussische Lkw-Hersteller, um gegen das bisherige Monopol von Tatra vorzugehen. Dabei konnte sich die indische Firma TATA einige Aufträge sichern.

Das Wegbrechen der Lieferungen nach Indien führte 2012 zur Zahlungsunfähigkeit der Firma Tatra, die daraufhin vom tschechischen Staat gepfändet und im Frühjahr 2013 zwangsversteigert wurde. Den Zuschlag erhielten die tschechischen Gesellschafter René Matera und Jaroslav Strnad, die das Unternehmen für umgerechnet 6,8 Millionen Euro erwarben. Die neuen Eigentümer brachten den Betrieb unter dem Firmennamen »Tatra Trucks a.s.« in die Militärtechnik-Holding »Excalibur Group« ein, die seit 2016 als »CSG-Czechoslovak Group« firmiert.

Trotz der großen Bedeutung militärischer Aufträge forcierte das neue tschechische Management auch die Angebote für die Bau-, Land- und Forstwirtschaft, den Bergbau und die Brandbekämpfung.

Tatra orientierte sich beim Export nun auch wieder verstärkt auf die Staaten der ehemaligen Sowjetunion, die unter dem früheren amerikanischen Management in den Hintergrund getreten waren. Im Jahr 2013 konnten insgesamt 722 Lkw verkauft werden. Das war immerhin die höchste Zahl seit 2008. Von den noch 845 Vollzeitbeschäftigten wurden 2014 insgesamt 821 Lkw gefertigt, wovon 85 Prozent ins Ausland gingen. Probleme ergaben sich aber beim Export in die Europäische Union, da nur eigene luftgekühlte Euro-5-Motoren zur Verfügung standen. Deshalb wurde im August 2014 eine weitere Vereinbarung mit DAF Trucks über die Lieferung von Euro-6-Motoren und auch weiteren Fahrerhäusern ge-

Tatra T815-6 MWR8T mit BrahMos-Marschflugkörpern als Renommierobjekte der indischen Streitkräfte, gezeigt zum Tag der Republik 2018. (Foto: Government of India / CC0)

Fertigung des Tatra T 158 PHOENIX mit PACCAR-Euro-6-Motor und DAF-Kabine im Werk Koprivnice - 2014.

schlossen. Mit diesen Komponenten konnte im Oktober 2014 das Modell PHOENIX Euro 6 vorgestellt werden.

Um die Verkaufsstrategie zu verbessern, wurden ab 2014 neue Handelsnamen für die zunehmend unübersichtlichen Fahrzeugbaureihen eingeführt. Die Systematik der Tatra-Typenbezeichnungen wird als Anhang am Ende des Buches dargestellt.

Nachdem Tatra bereits zwischen 1996 und 1998 insgesamt 1.127 Militär-Lkw in die Vereinigten Arabischen Emirate geliefert hatte, konnte nun im Jahr 2013 ein Vertrag über Transportfahrzeuge für die saudi-arabische Armee geschlossen werden. Die Vereinbarung umfasste verschiedene Ausführungen des Tatra T 815-7 FORCE und 550 Stück des Typs T 810 TACTIC, davon die meisten als CKD-Sätze. Dafür richtete Tatra eine Montagefertigung im saudischen Al Kharj ein.

Verkauf von Tatra-Lastwagen nach Ländern von 1945 bis 2014.

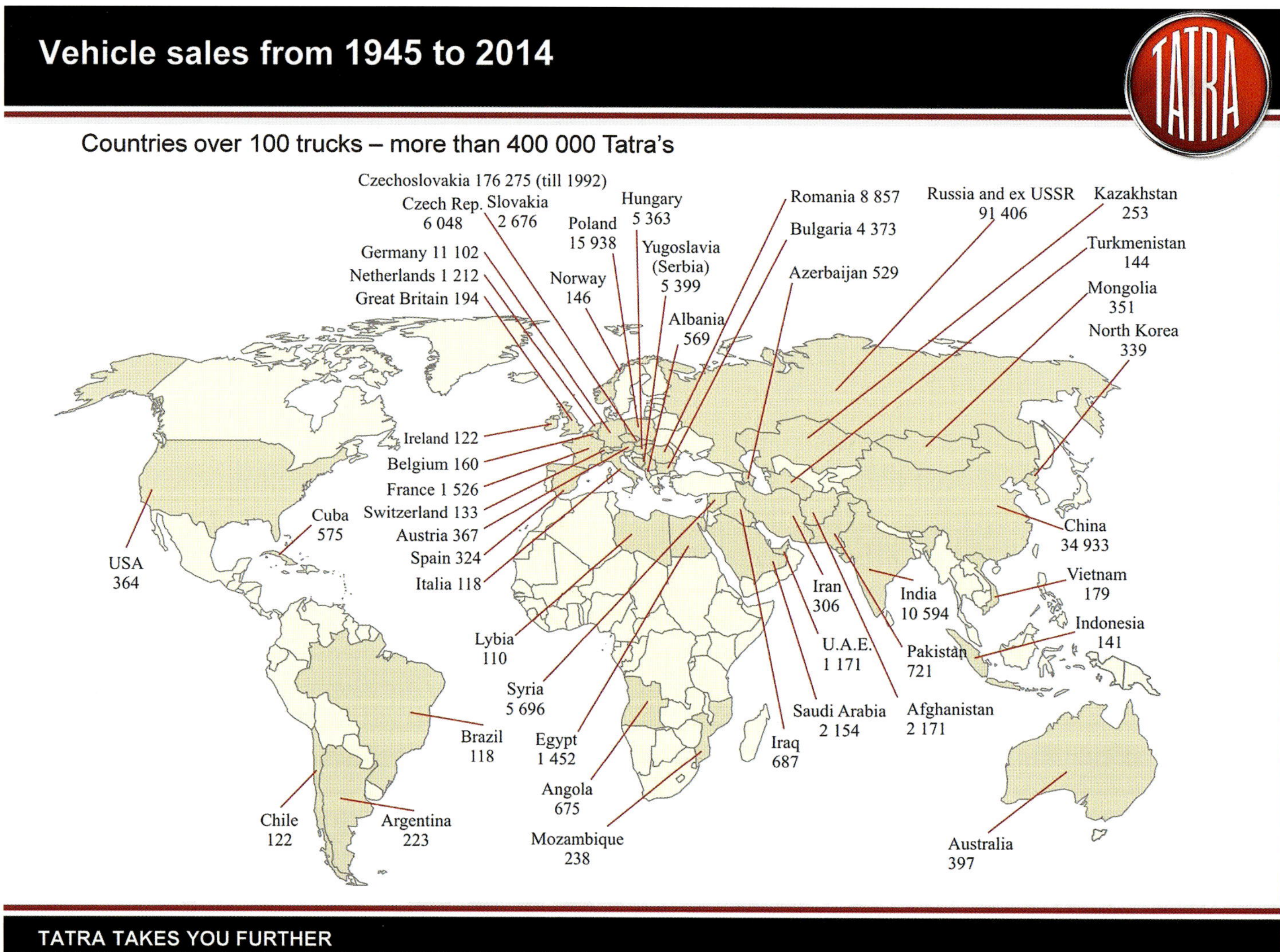

Tatra beteiligte sich regelmäßig an der großen Rüstungsmesse IDES in Abu Dhabi - hier 2015 mit einem Tatra FORCE 6x6 Pritschenwagen.

Auch ein Neustart auf dem indischen Markt konnte 2014 in die Wege geleitet werden. Nach 29-monatiger Untersuchungszeit bestätigte das CBI, dass keine Beweise zu einem strafrechtlichen Verhalten von Tatra Koprivnice gefunden wurden. Außerdem brachte eine Evaluierung des inzwischen neu aufgestellten tschechischen Unternehmens und seiner Gesellschafter positive Ergebnisse. Dazu trug sicher auch die Unterstützung hoher staatlicher Stellen der Tschechischen Republik bei. Sogar Präsident Milos Zeman soll involviert gewesen sein.

Die Untersuchungen gegen die indischen Beteiligten der in der Presse auch als »Tatragate« bezeichneten Vorgänge waren allerdings noch nicht zu Ende und führten später zu juristischen Konsequenzen.

Im Dezember 2014 hatte die indische Armee die Genehmigung erhalten, ohne Zwischenhändler direkt bei Tatra einzukaufen. Im Juni 2015 kam ein erster Vertrag zustande über die Lieferung von 260 Lkw-Teilesätzen zur Montage bei BEML in Indien. Lediglich die schweren 6-Achser-Chassis für die Raketenträger sollten auch weiterhin komplett aus Tschechien geliefert werden.

Ende 2015 konnte Tatra insgesamt 858 verkaufte Lkw vermelden, davon 75 Prozent in Armee- und Feuerwehrausführungen. Mehr als die Hälfte gingen ins Inland und die Slowakei, der Rest wurde in 20 Länder weltweit exportiert.

Zum ersten Mal seit 2008 konnte Tatra im Jahr 2016 mit 1.326 Fahrzeugen wieder die Tausendermarke überschreiten. Seither liegt die jährliche Fertigung bei etwa 1.200 Einheiten und einer Exportrate von circa 60 Prozent.

Ein wichtiger Schritt bei der Wiederbelebung des Exports nach Russland gelang im September 2017 mit dem Beginn der Montagefertigung von Tatra-Phoenix-Kippern beim Unternehmen Tatra-Vostok. Der Betrieb in Tartastan ist eine 100-prozentige Tochtergesellschaft der Tatra Trucks AG.

Der wichtigste Auslandsmarkt im Jahr 2019 war Jordanien, wohin 300 Tatra-Fahrgestelle geliefert werden konnten. Dazu kamen Verkäufe nach Brasilien, Australien und Neukaledonien sowie 78 Chassis nach Österreich, wovon die Firma Rosenbauer fast fünfzig als Flughafenfeuerwehren aufbaute. Auch der Export nach Deutschland nahm wieder Fahrt auf. Für die Waldbrandbekämpfung in Brandenburg wurden im Jahr 2020 insgesamt 41 Tatra-THT-Feuerwehren bestellt, zuzüglich einer Option über weitere Feuerwehren.

Der erste Kipper T 158 Phoenix 8x8 wurde 2017 beim Unternehmen Tatra-Vostok in Tartastan montiert. (Foto: atg-auto)

Seit dem Februar 2020 wird werbewirksam auch eine Neuauflage der schon einmal von 1987 bis 1990 durchgeführten Weltumrundung mit einem Tatra-Expeditionsfahrzeug inszeniert. Zum Einsatz kommt diesmal ein speziell ausgerüsteter zweiachsiger Tatra T 815-2 TERR-No1. Neben Tatra ist eine größere Anzahl tschechischer Firmen beteiligt, die ihre Produkte weltweit präsentieren wollen.

Nach einer Fahrt durch Russland ging es Ende 2020 mit dem Schiff nach Dschibuti, von wo aus nun im Jahr 2021 die Durchquerung Afrikas in Angriff genommen wurde.

Inzwischen ist die CSG-Holding zu einem Unternehmensverbund mit 8.200 Mitarbeitern gewachsen. Tatra Trucks a.s. beschäftigt davon zurzeit etwa 1.100 Personen, weitere 600 von ihnen arbeiten in der Tochtergesellschaft Tatra Metalurgie. Zur CSG-Holding gehören auch noch die Firmen Tatra Defense Vehicle a.s. und Excalibur Army, die beide Militärfahrzeuge auf Tatra-Chassis aufbauen.

Im Jahr 2020 startete unter dem Motto »Tatra around the World 2« eine Neuauflage der Weltumrundung mit einem Tatra-Expeditionsfahrzeug.⇨

Ein TERRNo1-FACELIFT 8x8 mit vollautomatischem Getriebe und speziellem Kipperaufbau für den Bergwerkseinsatz in Australien.

Baureihen T 815-2 / TERRNo1 / TERRNo1 Facelift / TERRA

Als Weiterentwicklung des T 815 wurde erstmals zur Messe in Brno 1989 die gründlich überarbeitete Tatra-Standardbaureihe unter der Bezeichnung T 815-2 präsentiert. Die Markteinführung erfolgte ab 1990. Die Neuerungen steckten hauptsächlich unter dem Blech. Optisch unterschieden sich die Fahrzeuge zunächst kaum von den Vorgängern. Erkennbar waren sie zum Beispiel an den etwas größeren Luftleitblechen an den Fahrerhauskanten.

Zum Pflichtenheft der Überarbeitung gehörten die Verbesserung der Lebensdauer und der Zuverlässigkeit sowie die Erhöhung der Tragfähigkeit. Dazu kamen die Senkung des Kraftstoffverbrauchs und der Lärmemission. Dies alles war auch nötig, um die Exportmöglichkeiten zu verbessern. Eine Vielzahl von Einzelmaßnahmen

Ein T 815-2 S3 Kipper mit Sonderlackierung wie er zur Messe in Brno 1989 erstmals gezeigt wurde.

Wie auch schon bei der Vorgängerbaureihe, so blieb auch beim T 815-2 der Dreiseitenkipper die am meisten verbreitete Variante. (Foto: MDü)

wurde realisiert. Neben dem Motor betrafen diese auch die Kraftübertragung, die Radaufhängung, die Bremsen sowie Details der Kabine.

Zivile Basisausführungen blieben die Kipper, die Pritschenwagen und die Sattelzugmaschinen. Für den Einsatz im Osten Russlands gab es auch wieder eine Arktik-Variante des Muldenkippers unter der Bezeichnung T 815-2 S1A, die auch mit einem zweiachsigen Tandem-Kippanhänger geliefert werden konnte. Dessen Komponenten, wie die Kippmulde und das Achsaggregat stammten aus dem Tatra-Baugruppen-Sortiment. Ähnliche Anhänger wurden schon vorher in der Sowjetunion aus verschlissenen Tatra-Lkw montiert. Das Abkippen erforderte allerdings ein sehr spezielles Rangieren.

Zum Einsatz kamen bei der Reihe T 815-2 zunächst die drei Motoren-Grundtypen T3A-928, T3A-929 und T3A-930 mit acht, zehn und zwölf Zylindern in V-Anordnung unter einem Winkel von 90 Grad. Optional standen für den Export ab 1991 auch wieder KHD-Dieselmotoren zur Verfügung.

Die Einhaltung europäischer Abgasvorschriften zwang das Unternehmen Tatra im Jahr 1992, trotz seiner schwierigen wirtschaftlichen Situation, zur Überarbeitung der Baureihe T 815-2. Ab 1993/94 standen die Fahrzeuge als Ausführung »M93« oder auch »MR93« zur Verfügung. Sie hatten Motoren nach der Euro-1-Abgasnorm, ausgerüstet mit ATL und Ladeluftkühlung. Ab Ende 1996 waren auch Euro-2-Aggregate lieferbar.

Neben dem Dreiseitenkipper mit Standardkabine und Einstieg über der Vorderachse, gab es inzwischen von Tatra auch eine Bauform des T 815-2 / MR93 mit vorgesetztem Fahrerhaus, was die Ladefläche vergrößerte und den Einstieg erleichterte. Diese Fahrzeuge waren in Tschechien auch in Kombination mit Tandem-Anhängern im Baustofftransport im Einsatz.

Abgesehen von den wenigen 8x8-Kippern auf Basis des T 813, orientierte Tatra erst wieder mit der 1993 überarbeiteten Baureihe T 815-2 / M93 auf vierachsige Hinterkipper, die ein Ladevolumen von 13 Kubikmetern anboten. Diese Fahrzeuge verfügten anfangs über Euro-1-Motoren, die wahlweise auch von KHD kamen. Mit der Einführung der Abgasnorm Euro 2 bot Tatra nun eigene Motoren des Typs T3B-928-TMK mit Abgasturboaufladung und Ladeluftkühlung an, die diese Anforderungen erfüllten. Damit konnten diese Fahrzeuge auch in Deutschland angeboten werden.

T 815 - 210S21 25 225 6x6.2	
Bauart:	Dreiseitenkipper
Bauzeit:	1993 - 1996
Motor:	T3B-928 TM, 8-Zylinder-V-Dieselmotor, luftgekühlt
Hubraum:	12.667 cm³
Leistung:	225 kW (306 PS) bei 2.000 U/min
Getriebe:	(6 + 1) x 2 Gänge (mit Zusatzgetriebe)
L x B x H:	7.630 x 2.500 x 3.400 mm
Radstand:	3.550 + 1.320 mm
Leermasse:	11.700 kg
Nutzmasse:	13.300 kg
Bereifung:	12R-20
Höchstgeschwindigkeit:	85 km/h (mit Begrenzer)

Auch schon 1989 in Brno präsentiert wurde der Arktik-Hinterkipper T 815-2 S1A im Verbund mit einem Tandem-Anhänger.

Tatra-Dreiseitenkipper T 815-2/M93 mit Tandem-Anhänger im Einsatz beim Metrobaubetrieb in Prag im Jahr 2000. (Foto: MDü)

ain Production Program

Type	Engine No. of cylinders	Max. performance (kW)	Wheelbase (mm)	Kerb weight (kg)	G.V.W. (kg)	G.C.V. (kg)	Payload (kg)	Tyres	Max. speed (km.h⁻¹)	
200S01 225 6x6.2	TATRA 8	225	3550 1320	12500	28500		16000	11R-20	85* 120	10 m³
200S03 225 6x6.2	TATRA 8	225	3550 1320	11500	28500	44000	17000	11R-20	85* 120	10 m³
200S13 225 6x6.1	TATRA 8	225	3550 1320	11400	28500	44000	17100	18R-22,5 15R-22,5 16,5R-22,5	85* 120	9 m³
200S43 225 4x4.1	TATRA 8	225	4090	9100	19000	41000	9900	18R-22,5 15R-22,5 16,5R-22,5	85* 120	6 m³
200S81 225 8x8.2	TATRA 8	225	1650 2600 1320	15000	36000		21000	12R-20	85* 120	13 m³
22AS01 220 6x6.2	TATRA 8	220	3550 1320	13000	30000		17000	12R-20	120	10 m³
200N51 225 4x4.2	TATRA 8	225	3500	7900	19000	41000		295/80R-22,5	85* 120	
200V51 225 4x4.2	TATRA 8	225	4500	9300	19000	41000	9700	295/80R-22,5	85* 120	
200P11 225 6x6.2	TATRA 8	225	3700 1320	9200	28500	44000	19300	11R-20	85* 120	
200R11 225 6x6.2	TATRA 8	225	3550 1320	9500	28500	44000	19000	11R-20	85* 120	
200R41 225 4x4.1	TATRA 8	225	3310	7600	19000	41000	11400	18R-22,5 15R-22,5 16,5R-22,5	85* 120	

ed limiter

TATRA TRUCKS

Eine zweiachsige Sattelzugmaschine T 815 - 200N51 für Züge mit 40,8 Tonnen Gesamtmasse und mit zuschaltbarem Vorderachsantrieb war bereits 1993 ins Tatra-Programm genommen worden, allerdings noch mit Euro-1-Motoren von Tatra (225 kW) oder alternativ mit einem 252-kW-starken Deutz-Diesel.

Bei der Ausführung T 815 - 260N51 mit permanentem Allradantrieb verbaute Tatra ab 1996, ebenso wie im großen 8x8-Kipper, nun auch den durchzugsstarken Motor T3B-928-TMK nach Abgasnorm Euro 2. Dazu gab

T 815 260S81 36 255 8x8.2	
Bauart:	Hinterkipper
Bauzeit:	1997
Motor:	Tatra T3B-928 TMK, 8-Zylinder-V-Dieselmotor, luftgekühlt
Hubraum:	12.667 cm³
Leistung:	255 kW (347 PS) bei 1.800 U/min
Getriebe:	(5 + 1) x 2 Gänge (mit Zusatzgetriebe)
L x B x H:	8.450 x 2.500 x 3.540 mm
Radstand:	1.650 + 2.600 + 1.320 mm
Leermasse:	15.500 kg
Nutzmasse:	16.500 kg
Bereifung:	315/80 R 22.5
Höchstgeschwindigkeit:	85 km/h (mit Begrenzer)

Das Hauptfertigungsprogramm der Baureihe T 815-2 MR93. Dabei wurden folgende Typabkürzungen verwendet: S = Kipper; AS = Arktik-Kipper; N = Sattelzugmaschine; V = Pritschenwagen; P = Fahrgestell; R = Fahrgestell mit Rahmen)

Ein vierachsiger Kipper T 815 – 260S81 auf dem Auslieferungsgelände der Firma SEMEX in Engelsdorf. (Foto: MDü)

es ein neues vollsynchronisiertes Tatra-Schaltgetriebe mit 12 Schaltstufen anstelle der 10-Gang-Variante beim Vorgänger. Geschaltet wurde Druckluft-unterstützt. Zur Federung dienten vorn Drehstäbe, hinten Luftfedern.

T 815 260N51 19 255 4x4.2	
Bauart:	Sattelzugmaschine
Bauzeit:	1996 - 1997
Motor:	Tatra T3B-928-TMK, 8-Zylinder-V-Dieselmotor, luftgekühlt
Hubraum:	12.667 cm³
Leistung:	255 kW (342 PS) bei 1.800 U/min
Getriebe:	(6 + 1) x 2 Gänge (mit Zusatzgetriebe)
L x B x H:	6.140 x 2.500 x 3.450 mm
Radstand:	3.550 mm
Leermasse:	8.150 kg
Sattellast:	10.700 kg
Bereifung:	312/80 R 22,5
Höchstgeschwindigkeit:	85 km/h (mit Begrenzer)

Wie schon bei der Baureihe T 815 fanden sich auch im Lieferangebot nach 1990 verschiedene Fahrgestell-Ausführungen für ein umfangreiches Programm von zivilen und militärischen Sonderaufbauten, Spezialfahrzeugen und natürlich auch Feuerwehren. Für Letztere zeichnete hauptsächlich das Unternehmen THT (früher THZ) aus Policka verantwortlich. Besonders verbreitet waren dessen dreiachsige Tanklöschfahrzeuge CAS 32 - T 815-2 6x6 sowie die zweiachsigen Typen CAS K 25 und CAS 24 - S2T auf Tatra 815-2 4x4. Dazu kamen Sonderfahrzeuge, wie der Teleskopbagger UDS-214, und als absolutes Einzelstück in Tschechien der Aufbau einer amerikanischen Drehleiter Simon-LTI auf einem Tatra-Chassis T815 2PR3 6x6. Diese Drehleiter hatte eine maximale Arbeitshöhe von 39 Metern und verfügte an der Unterseite über einen fest montierten Werfer.

Das TERRNo1-Programm war ab 1997 der direkte

Nachfolger der Typen T 815-2, zunächst mit Euro-2-Motoren ausgerüstet und optisch aufgewertet durch eine überarbeitete Kabine. Dazu kam eine wichtige technische Neuerung, die als KING FRAME bezeichnete Federung. Damit wurde die klassische Tatra-Bauweise um eine entscheidende Neuerung ergänzt. Es war eine Kombination von Blatt- und Luftfedern bzw. Luftbälgen mit integrierten Schraubenfedern. Diese Bauart diente wesentlich dazu, die Sturzänderungen der Hinterräder beim Federn zu minimieren.

T 815-260N51 – eine Sattelzugmaschine auch für schwierige Traktionsbedingungen.

Ein T 815 - 260R81 8x8 mit Multilift-Containerabsetzer im militärischen Einsatz, aufgebaut bei der Firma OKD Ostrava. (Foto: MDü)

Die KING FRAME-Bauweise an den Hinterachsen umfasste in der »leichten« Bauform (links) Luftfedern mit innen liegenden Schraubenfedern und Teleskopstoßdämpfer. Bei der »schweren« Ausführung (rechts) wurde die Luft-/Schraubenfeder-Kombination durch starke Blattfeder-Pakete ergänzt.

Titelbild eines umfangreichen Prospekts von Spezialaufbauten auf Tatra-Chassis aus dem Jahr 1998.⇨

TATRA, a.s.

KOPŘIVNICE

Nástavby na podvozcích
Superstructures for chassis **TATRA**

Löschfahrzeug-Aufbau CAS 24 - S2T von THT Policka auf Tatra 815-2 4x4. (Foto: MH)

Feuerwehr-Teleskopbagger UDS 214 von der slowakischen Firma CSM Tisovec auf einem Chassis Tatra T 815-2.

Bei der Feuerwehr im tschechischen Kolin ist dieses Drehleiterfahrzeug im Einsatz. Es entstand 1993 aus der Kombination eines amerikanischenAufbaus von Simon-LTI mit einem Tatra-Chassis T815 2PR3 6x6. (Foto: ERWE)

Da die langen, technisch ausgerichteten Tatra-Typenbezeichnungen für das Marketing ungünstig waren, kam seit dem Jahr 1997 das System der verschiedenen Handelsnamen zur Anwendung. Der T 815-2 hieß nun TERRNo1. Die aus Buchstaben und Zahlen gebildeten Typenschlüssel wurden nachgestellt.

Wie schon üblich, wurden bei der Typenpräsentation zuerst die Dreiseitenkipper-Varianten vorgestellt. Auf verschiedenen Messen zeigte Tatra zuerst den TERRNo1 T 815 260S25, dem die Muldenkipper folgten. Im zivilen Sektor war der schwere Baustellenverkehr traditionell das Haupteinsatzfeld der robusten Lkw mit dem Zentralrohrrahmen.

TERRNo1 T 815 260S25 28 255 6x6.2	
Bauart:	Dreiseitenkipper
Bauzeit:	1997 - 1999
Motor:	Tatra T3B-928-TMK Euro 2, 8-Zylinder-V-Dieselmotor, luftgekühlt
Hubraum:	12.667 cm³
Leistung:	255 kW (347 PS) bei 1.800 U/min
Getriebe:	(5 + 2) x 2 Gänge (mit Zusatzgetriebe)
L x B x H:	7.660 x 2.500 x 3.70 mm
Radstand:	3.440 + 1.320 mm
Leermasse:	12.100 kg
Nutzmasse:	13.770 kg
Bereifung:	315/80 R 22.5
Höchstgeschwindigkeit:	85 km/h (mit Begrenzer)

Der TERRNo1 T 815 260S25 war ein populärer Kipper der neu benannten Baureihe - hier zu sehen auf der Messe in Brno. (Foto: MDü)

Die TERRNo1-Dreiseitenkipper wurden mit Stahlpritschen in unterschiedlicher Bauart geliefert. (Foto: MDü)

Im Hinblick auf noch bessere Exportchancen überarbeitete Tatra im Jahr 2000 nochmals Details der TERRNo1-Konstruktion. Dies diente auch dazu, mehr Platz für den optionalen Einbau wassergekühlter Motoren von Detroit Diesel, Caterpillar, Cummins, Renault, Deutz oder MTU zu schaffen. Gerade beim Einbau dieser Motoren flossen die Erfahrungen ein, die Tatra bei den militärischen TERRNo1-Varianten der ARMAX- und FORCE-Baureihen gesammelt hatte.

Nach der Überarbeitung dienten nun auch Luftfedern und Stoßdämpfer anstelle von Gummipuffern zur Aufhängung der Fahrerkabine auf dem Rahmen. Ebenfalls ab dem Jahr 2000 kamen die luftgekühlten Euro-3-Motoren T3C-928.90 zum Einsatz. Das höhere Drehmoment erforderte nun stärkere 14-Gang-Schaltgetriebe.

Nach EU-Regeln mussten Lkw, die ab Januar 2007 verkauft oder zugelassen wurden, mit Euro-4-Motoren ausgerüstet sein. Tatra bot deshalb ab 2006 eigene luftgekühlte Dieselmotoren an, die mit der SCR-Technologie (Selective Catalytic Reduction-Abgasbehandlung durch Einspritzen von AdBlue) ausgerüstet waren.

Für die Zulassung ab 1. Oktober 2009 forderten die EU-Richtlinien Lkw-Motoren nach dem Euro-5-Standard. Während des Jahres 2008 brachte Tatra deshalb mit seinen T3D-928-Aggregaten als erster Hersteller weltweit luftgekühlte V-8-Motoren mit ATL, Ladeluftkühlung und mechanischer Einspritzung, die diese Norm erfüllten. Auf elektronisches Einspritz-Management wurde verzichtet, die SCR-Technologie aber beibehalten. Das Kühlluftgebläse wurde als Teil des Motors gemeinsam mit den Kühlern für Öl und Ladeluft in eine kompakte Einheit zusammengeführt.

Tatra ließ sich für diese Euro-5-Motoren die Bezeichnung »TATRA ON AIR« schützen.

Der zweiachsige TERRNo1 T 815 260S45 war wendig, blieb aber eher eine Ausnahme auf tschechischen Straßen. (Foto: MDü)

Besonders für den schweren Baustelleneinsatz waren die TERRNo1-8x8-Kipper mit Euro-5-Motor bestimmt.

TERRNo1 T 815 231S84 8x8.2	
Bauart:	Muldenkipper
Bauzeit:	seit 2009
Motor:	Tatra T3D-928-30 Euro 5, 8-Zylinder-V-Dieselmotor, luftgekühlt
Hubraum:	12.677 cm³
Leistung:	325 kW (442 PS) bei 1.800 U/min
Getriebe:	(7 + 1) x 2 Gänge (mit Zusatzgetriebe)
L x B x H:	8.580x 2.550 x 3.140 mm
Radstand:	1.650 + 2.600 + 1.450 mm
Leermasse:	16.500 kg
Nutzmasse:	24.500 kg
Bereifung:	315/ R 22.5
Höchstgeschwindigkeit:	85 km/h (mit Begrenzer)
Bemerkung:	Kippmulde 16 m³

Die Fahrzeuge mit luftgekühlten Euro-5-Motoren erhielten eine spezielle Kennzeichnung. (Foto: MDü)

Ein Tatra-TERRNo1-Chassis mit Euro-5-Motor steht im September 2009 im Tatra-Werk bereit zur Auslieferung an einen Sonderaufbau-Hersteller. (Foto: MDü)

Ein Tatra TERRNo1 mit Behälter-Spezialaufbau im Stadtverkehr von Brno. (Foto: MH)

Eine nochmalige Überarbeitung der TERRNo1-Kabine führte ab 2010 unter der Bezeichnung TERRNo1-Facelift zu verschiedenen Verbesserungen bei der Aerodynamik, der Sicherheit und der Beleuchtung. Die neue Kühlerabdeckung erleichterte die Luftzufuhr und gab noch mehr Platz für optionale Bestückungen mit Motoren anderer Hersteller. Erstmals konnte auch das elektro-pneumatisch gesteuerte Tatra-Norgren Schaltgetriebe geordert werden. Es basierte auf den Getrieben Tatra 10 TS oder Tatra 14 TS mit 10 bzw. 14 Schaltstufen. Über einen Wählhebel konnten die Gänge manuell oder halbautomatisch mittels Vorwahl und Betätigen des Kupplungspedals eingelegt werden. Wie schon bei den Vorgängerbaureihen waren durch die Kombination verschiedener Aggregate und der Auslegung des Zentralrohrfahrwerks diverse Lkw-Varianten im Angebot. Der Name TERRNo1 wurde seit 2014 schrittweise in den neuen Handelsnamen TERRA überführt.

Die zweiachsige Sattelzugmaschine T 815 - 260N51 wurde mit dem modernisierten Fahrerhaus auch in das TERRNo1-Programm übernommen. (Foto: MH)

Der große 8x8-Dreiseitenkipper ließ sich als Werbemotiv für die Facelift-Ausführung des TERRNo1 besonders gut in Szene setzen.

Ein TERRNo1-Facelift-Chassis des Typs T 815-231R25 dient als Basis für diesen Holztransportzug mit Ladekran.

TERRNo1 Facelift T 815-231R25 28 325 6×6.2	
Bauart:	Lastzug für Holztransport
Bauzeit:	seit 2010
Motor:	Tatra T3D-928-30, 8-Zylinder-V-Dieselmotor, luftgekühlt
Hubraum:	12.667 cm³
Leistung:	325 kW (442 PS) bei 1.800 U/min
Getriebe:	(7 + 1) x 2 Gänge (mit Zusatzgetriebe)
L x B x H:	16.315 x 2.500 x (k.A.) mm
Radstand:	3.700 + 1.320 mm (Sattelzugm.)
Leermasse:	28.500 kg (Sattelzug)
Nutzmasse:	27.000 kg (Sattelzug)
Bereifung:	315/80 R 22,5
Höchstgeschwindigkeit:	85 km/h

TERRNo1 und Facelift Feuerwehrfahrzeuge

Feuerwehraufbauten auf Tatra-Fahrgestellen sind traditionell in der Tschechischen Republik und in der Slowakei weit verbreitet. Dies trifft besonders auf die großen CAS-32-Tanklöschfahrzeuge zu. Im Rahmen eines Investitionsprogramms zum Erwerb und Erneuerung von Brandschutztechnik und unter Nutzung von Fördermöglichkeiten der Europäischen Union bot Tatra dreiachsige Fahrgestelle des Typs T815-PR2 21 235 6×6.1 zur Modernisierung der Feuerwehr-Fuhrparks in den beiden Ländern an. Der Einbau von Tatra-Euro-5-Motoren war durch Sonderregelungen weiterhin möglich, begrenzte allerdings die Exportmöglichkeiten in andere Staaten. Die Umrüst-Chassis waren mit Normal- und Langfahrerhaus lieferbar und konnten wahlweise auch mit Tatra-Norgren-Vorwahlschaltung ausgerüstet werden.

Besonders für den Einsatz auf Flughäfen ergänzten Tatra und THT Policka ab 2010 ihr Angebot um den Typ CAS 40 auf dem Chassis T 815-29PR37 6x6.1R mit TERRNo1-Kabine in Langausführung. Der Wassertank fasste 7.000 Liter, der Behälter für Schaumkonzentrat 850 Liter. Die Pumpenleistung des Wasserwerfers erreichte

T815-PR2 21 235 6×6.1 CAS 30	
Bauart:	Chassis für CAS 30 Modernisierung
Bauzeit:	seit 2014
Motor:	Tatra T3-930-37, 12-Zylinder-V-Dieselmotor, luftgekühlt
Hubraum:	19.000 cm³
Leistung:	235 kW (320 PS) bei 2.200 U/min
Getriebe:	(5 + 1) x 2 Gänge (mit Zusatzgetriebe)
L x B x H:	8.290 x 2.500 x 2.929 mm
Radstand:	3.700 + 1.320 mm
Leermasse:	10.570 kg
Nutzmasse:	10.430 kg
Bereifung:	445/65 R 22.5
Höchstgeschwindigkeit:	95 km/h
Bemerkung:	mit Mannschafts- oder Normalkabine

Spezialfahrgestell T 815-PR2 CAS 30 zur Modernisierung von Tanklöschfahrzeugen.

Das Flugfeld-Löschfahrzeug CAS 40 von THT Policka auf Tatra-Chassis war mit verschiedenen Motor-Getriebe-Kombinationen lieferbar.

Tanklöschfahrzeug THT CAS 20 mit Tatra-TERRNo1-Facelift-Kabine. Der Typzusatz S2T steht bei tschechischen Feuerwehren für S = schwere Klasse; 2 = Fahrgestell für Straßen- und Geländeeinsatz und T = zusätzliche Technikausstattung. (Foto: ERWE)

4.000 Liter/Minute. Anfangs kamen Euro-3-Motoren mit 300 kW Leistung und automatische Twin-Disc-Getriebe mit Drehmomentwandler zum Einsatz. Später gab es auch Ausführungen mit 325-kW-Euro-5-Motoren und handgeschalteten 14-Gang-Tatra-Getrieben.

Für neue, wendigere Löschfahrzeuge der Bauarten CAS (TLF) 20 und 24 nutzten THT Policka und auch das polnische Unternehmen WISS für ihre Aufbauten oft die 4x4-Fahrgestelle T 815-231R55/410 mit starken 325-kW-Motoren Tatra T3D-928-31. Darüber hinaus sind bei tschechischen und slowakischen Feuerwehren eine große Anzahl von unterschiedlichen Tatra-Spezialfahrzeugen zur Brandbekämpfung, Rettung und zum Katastrophenschutz im Einsatz.

Die tschechische Niederlassung der polnischen Firma WISS sorgte für den Aufbau dieses Löschfahrzeugs CAS 20 S2R (R = Basisausstattung) auf Chassis T 815-231R55/410 für die Berufsfeuerwehr im Bezirk Usti nad Labem. (Foto: MDü)

Ein vierachsiger Feuerwehr-Spezialkipper für schwere Räumeinsätze auf Basis T 815-231S84 mit einem Fassungsvermögen von 18 Kubikmetern. (Foto: MDü)

TERRA und TERRA eco - Typen

Nach der Neufestlegung der Handelsnamen erhielten seit 2014 die Nachfolgetypen des T 815-2, die zuletzt TERRNo1 hießen, schrittweise die Bezeichnung TERRA.

Dabei bleibt die traditionelle Technik weitgehend unverändert, auch im Hinblick auf die Motoren, die maximal Euro-5-Standard erfüllen. Damit sind diese Fahrzeuge in der EU nicht mehr im Angebot, abgesehen von den Feuerwehrchassis für die Tschechische Republik und die Slowakei, für die eine Ausnahmeregelung gilt.

Um Kosten zu sparen, wurden konstruktive Details vereinfacht und preiswertere Komponenten eingesetzt. Inzwischen wurde auch das Design der Kabine überarbeitet. Die TERRA-Typenliste umfasst Sattelzugmaschinen und Fahrgestelle für Kipper und Sonderaufbauten.

T 815-230N9T.269.8x8.2 R	
Bauart:	Sattelzugmaschine
Bauzeit:	seit 2014
Motor:	T3D-928-30 Euro 4, 8-Zylinder-V-Dieselmotor, luftgekühlt
Hubraum:	12.667 cm³
Leistung:	325 kW (442 PS) bei 1.800 U/min
Getriebe:	(7 + 1) x 2 Gänge (mit Zusatzgetriebe)
L x B x H:	8.295 x 2.500 x 3.280 mm
Radstand:	1.650 + 2.600 + 1.450 mm
Leermasse:	14.500 kg
Nutzmasse:	25.500 kg
Bereifung:	16.00 R 20
Höchstgeschwindigkeit:	85 km/h
Bemerkung:	Exportspezifikation für Russland

Das Angebot zielt besonders auf neue Märkte in Afrika und Südostasien sowie den Export in die Nachfolgestaaten der Sowjetunion. Ein Beispiel aus dem TERRA-Exportprogramm ist die schwere, vierachsige Sattelzugmaschine T 815-230N9T mit Langfahrerhaus und Einzelbereifung für den Einsatz auch in unwegsamem Gelände.

Bei der Neuausrichtung des Marketing hatte Tatra 2014 geplant, unter der Bezeichnung »TERRA eco« eine noch preiswertere Variante, u.a. für Aserbaidschan und Turkmenistan und andere »low-budget-Exportmärkte« zu entwickeln.

Die Einsparungen sollten durch noch einfachere Komponenten und magere Ausstattung erzielt werden. Auch kamen an den Hinterachsen anstelle der KING-FRAME-Federung wieder Blattfedern zum Einsatz. Ein erster Test war 2014 ein Exportangebot für ehemalige Sowjetrepubliken, bei dem das Fahrgestell T815-220R21mit dem Baggeraufbau UDS-214 des slowakischen Herstellers CSM Tisovec kombiniert wurde. Letztlich entschied sich Tatra, alle nötigen Kostenreduzierungen bereits bei der normalen TERRA-Version umzusetzen, so dass keine besondere »Eco«-Ausführung mehr benötigt wurde.

Der Vollständigkeit halber sollen auch die im Zuge der Weiterentwicklung der Baureihe T 815-2 entstandenen T 165 – Prototypen erwähnt werden. In den Jahren 1994 bis 1999 entwickelte Tatra unter der Bezeichnung T 165 zwei Exemplare von Fernverkehrs-Sattelzugmaschinen mit dem Ziel, in modernisierten Kabinen die Bauhöhe von Motor und Getriebe zu minimieren. Diese zweiachsigen, luftgefederten Fahrzeuge waren nicht für den sonst Tatra-typischen Geländeeinsatz geeignet. Die

Tatra TERRA Kipper T815-2T3R32ZA im Angebot eines ukrainischen Händlers im Jahr 2021. (Foto: prom.ua)

Rahmenhöhe wurde reduziert. Tatra verzichtete auf den Antrieb der Vorderachse, konnte den Motor tiefer setzen und baute alternativ Eaton-Getriebe ein. Das erste Fahrzeug erhielt einen starken KHD Deutz-Motor, wurde aber mehrfach umgebaut, um Erfahrungen mit verschiedenen Baugruppen zu sammeln. Der zweite Prototyp bekam einen Tatra-Dieselmotor. Beide Sattelzugmaschinen erhielten weit öffnende Kippkabinen. Der Designer Jiri Španihel überarbeitete dazu das für den TERRNo1 entwickelte Fahrerhaus. Wegen der schwierigen wirtschaftlichen Situation des Unternehmens wurde das Projekt im Jahr 2000 eingestellt.

Es existierte noch ein drittes Fahrzeug, das Tatra ab 1998 als rot lackierte Zugmaschine eines mobilen Messestand-Aufliegers einsetzte. Obwohl es optisch sehr ähnlich war, handelte es sich dabei nicht um einen T-165-Prototyp, sondern um die Kombination einer etwas höher gesetzten T-165-Kabine mit dem Chassis einer Sattelzugmaschine T 815 - 270N52 4x4.

TERRA eco T815-220R21 mit Bagger UDS-214	
Bauart:	Fahrgestell mit Bagger-Aufbau UDS-214
Bauzeit:	seit 2014
Motor:	TATRA T3D-928-20 Euro 4, 8-Zylinder-V-Dieselmotor, luftgekühlt
Hubraum:	12.667 cm³
Leistung:	280 kW (381 PS) bei 1.800 U/min
Getriebe:	(5 + 1) x 2 Gänge (mit Zusatzgetriebe)
L x B x H:	8.875 x 2.550 x 4.000 mm
Radstand:	4.090 + 1.320 mm
Gesamtmasse:	48.000 kg
Bereifung:	315/80 R 22.5
Höchstgeschwindigkeit:	85 km/h

Eine Sattelzugmaschine TERRA T 815-230N9T aus dem Jahr 2015 für den Export nach Russland, noch ausgerüstet mit der TERRNo1-Facelift-Kabine.

Ein slowakischer Teleskopbagger UDS-214 auf Chassis TERRA eco, einer vereinfachten Exportvariante, die anfangs noch die Kennzeichnung TERR-No1 an der Kabine trug.

Unter der Projektbezeichnung T 165 entwickelte Tatra Prototypen für eine Fernverkehrs-Sattelzugmaschine mit Hinterradantrieb. (Foto: TMT)

Die weit kippbare Kabine des T 165 erlaubte einen guten Zugang zu den tief liegenden Aggregaten. (Foto: TMT)

Baureihe T 163 JAMAL

Tatra nutzte traditionell die internationale Messe in Brno für die Vorstellungen seiner neuen Fahrzeuge, so auch im Jahr 1997 mit dem schweren Kippertyp T 163 JAMAL.

Nach längerer Zeit war damit wieder ein Haubenlaster im Programm. Die Fertigung des T 148 war 1982 eingestellt worden, um dem T 815 Platz zu machen. Der formschöne Prototyp T 162-2 von 1988 hatte es - auch bedingt durch die wirtschaftlichen Umbrüche - nicht mehr bis zur Serienreife geschafft. Besonders aus dem Osten Russlands, aus Indien und auch von tschechischen Baubetrieben kamen Anforderungen nach einem schweren Hauben-Kipper.

Im Sinne einer rationellen Fertigung schuf der Designer Jiří Španihel eine Lösung, bei der die Basiskabine des T 815 mit einer deutlich abfallenden Motorhaube kombiniert wurde. Damit waren ausreichende Sichtbedingungen auch im Geländeeinsatz gegeben. Seit 1995 waren seriennahe Prototypen besonders in der sibirischen Region Tjumen harten Tests unterzogen worden. Im Jahr 1998 konnte auch die europäischen Bauvorschriften erfüllt werden und ab 1999 begann die Auslieferung des T 163 JAMAL. Im selben Jahr folgte noch eine spezielle Variante für den chinesischen Markt, wo unter dem Namen JIEKA auch einige Fahrzeuge montiert wurden.

Standardtyp des JAMAL war der T 163-360 SK4, ein

Im Tatra-Werk in Koprivnice warten im September 2009 diese T 163 JAMAL auf die Auslieferung an die Kunden. (Foto: MDü)

Muldenkipper für 19 Tonnen Zuladung mit zuschaltbarem Vorderachs-Antrieb und starker KING FRAME - Federung mit Luft- und Blattfedern an den Hinterachsen. An der Vorderachse gab es Drehstäbe und Teleskopstoßdämpfer. Die technische Gestaltung entsprach dem Tatra-Standard mit verschiedenen möglichen, luftgekühlten V-8-Dieselmotoren, Zentralrohrrahmen, Pendelhalbachsen und Reduktion in den Radnaben.

Hauptsächlich wurden die JAMAL-Chassis mit voluminösen Kippmulden montiert. Daneben lieferte Tatra auch einige wenige Sattelzugmaschinen und Fahrgestelle für Sonderaufbauten, z.B. nach Australien.

Ein als Arbeitsmaschine zugelassener Kipper JAMAL T 163-33ESKT mit Super-Single-Bereifung für den Off-Road-Einsatz in Russland.

Dieser T 163 Hemang aus indischer Montagefertigung trägt Glückssymbole an der Motorhaube.

Ein T 163 SK4 6x6 JAMAL-Muldenkipper beim Straßenbau im nordböhmischen Decin. (Foto: MDü)

Besonders für russische Kunden gab es den Typ T163-33ESKT/374, einen nur als Arbeitsmaschine außerhalb öffentlicher Straßen zugelassenen Kipper mit 14 m³ Fassungsvermögen und 25 Tonnen Nutzmasse.

Zwischen 2001 und 2006 wurden von der Bharat Earth Movers Ltd. im indischen Bangalore insgesamt 649 Stück des T 163 ausgeliefert, wovon die meisten in Form von CKD-Bausätzen ins Land kamen. Die indischen T 163 trugen allerdings den Namen »Hemang«, was so viel wie »etwas Wertvolles« bedeutete. Die unter dem Typenschlüssel T 163-31RSK8 spezifizierten indischen Kipper wichen in ihrer technischen Gestaltung von den europäischen Ausführungen teilweise ab. So war die Vorderachse nicht angetrieben. An den Hinterachsen kam ein superschweres Fahrwerk zum Einsatz, das aus einer speziellen KING-FRAME-Bauart mit Luftfedern, darin integrierten Schraubenfedern sowie zusätzlichen Blattfedern bestand. Die Hinterachsen hatten damit eine deutlich höhere Tragfähigkeit und das Gesamtgewicht des T 163 Hemang mit 16-Kubikmeter-Kippmulde erreichte beachtliche 41 Tonnen. Zum Ende des Jahres 2014 wurde die Serienfertigung der T 163 JAMAL in Koprivnice offiziell eingestellt.

T 163-321RK4 33 280 6x6.2/371	
Bauart:	Chassis für Kipper
Bauzeit:	1999 - 2014
Motor:	Tatra T3D-928-20, 8-Zylinder-V-Dieselmotor, luftgekühlt
Hubraum:	12.667 cm³
Leistung:	280 kW (381 PS) bei 1.800 U/min
Getriebe:	(5 + 1) x 2 Gänge (mit Zusatzgetriebe)
L x B x H:	7.415 x 2.500 x 3.025 mm
Radstand:	3.700 + 1.320 mm
Leermasse:	10.420 kg
Nutzmasse:	22.580 kg (inkl. Aufbau)
Bereifung:	12.00 R 20
Höchstgeschwindigkeit:	85 km/h (mit Begrenzer)
Bemerkung:	seit 2009 auch mit Euro-5-Motor

Die lieferbaren Hinterkippmulden des JAMAL unterschieden sich nicht nur in der Form und im Fassungsvermögen, sondern auch in der Länge des Fahrerhausschutzes. (Foto: Jirí Erben / CC BY-SA 3.0)

Die Kippmulde dieses allradgetriebenen JAMAL T 163 - 24BSK8 fasste 13 Kubikmeter und konnte mit Abgas beheizt werden.

Baureihen LIWA - FORCE T 816 – ARMAX

Die Entstehung der Baureihe T 816 LIWA geht zurück bis ins Jahr 1993, als Tatra sich an einer Ausschreibung zur Lieferung von Militär-Lkw an die Vereinigten Arabischen Emirate (V.A.R.) beteiligte. Nach zwei Jahren intensiver Verhandlungen konnte sich Tatra einen Vertrag über die Lieferung von 1.127 Lkw in verschiedenen Spezifikationen im Gesamtwert von 180 Millionen US-Dollar sichern. Die Fertigung für die V.A.R. lief von 1996 bis 1998. Den Großteil der Lieferungen betraf den Typ T 816 G3 8x8 LIWA (arabisch für »Wüste«). Auch diese vierachsigen LIWA-Lkw basierten grundsätzlich auf dem traditionellen Tatra-Konzept mit Zentralrohrrahmen und unabhängig schwingenden Halbachsen. Auf Anforderung des Auftraggebers erhielten sie aber wassergekühlte 400-kW-Deutz-Dieselmotoren und vollautomatische 6-Gang-Schaltgetriebe TWIN DISC aus den USA. Die T 816 G3 LIWA wurden mit verschiedenen Aufbauten geliefert, so als Pritschenwagen, Pritschen mit Ladekran, Chassis mit Multilift, Treibstoff- und Wassertanker. Aus der Entwicklung für den LIWA-Auftrag resultierte auch noch ein sehr spezieller Typ. Unter der Bezeichnung T 816 CAS 36 »Wildfire« entstand ein Tanklöschfahrzeug mit 11.000 Liter Fassungsvermögen für die Waldbrandbekämpfung unter schwierigsten Bedingungen. Den Aufbau auf dem Chassis eines LIWA-Prototyps übernahm die tschechische Firma THT Policka. Das Fahrzeug wurde im USA-Bundesstaat Nevada und auch in Südafrika getestet, wo es später für den dauernden Einsatz verblieb.

Aus Gründen der Homologation wurde 2006 die Typcodierung der schweren Militärbaureihe von T 816 in T 815-6 geändert. Bereits 1997 war die Handelsbezeichnung FORCE für diese Militärfahrzeuge genutzt worden.

Von 1996 bis 1998 wurden T 816 G3 LIWA in die Vereinigten Arabischen Emirate geliefert - hier zu sehen eine Ausführung mit Pritsche und Ladekran.

T 816 G3 LIWA 8x8.1R	
Bauart:	Pritschen-Lkw mit Ladekran
Bauzeit:	1996 - 1998
Motor:	Deutz BF 8M 1015C, 8-Zylinder-V-Dieselmotor, wassergekühlt
Hubraum:	15.874 cm³
Leistung:	400 kW (544 PS) bei 2.100 U/min
Getriebe:	6 + 1 Gänge (TWIN DISC Vollautomatik)
L x B x H:	9.370 x 2.600 x 3.140 mm
Radstand:	1.650 + 2.970 + 1.450 mm
Leermasse:	16.900 kg
Nutzmasse:	11.100 kg
Bereifung:	16.00 R 20 XZL
Höchstgeschwindigkeit:	120 km/h

Im Rahmen des Auftrags für die Vereinigten Arabischen Emirate baute die Firma Tatra auch ihren bis dahin stärksten Lastwagen überhaupt, den T 816-6 VWN9T, eine vierachsige Sattelzugmaschine für den schnellen Panzertransport im Geländeeinsatz, ausgerüstet mit einem 610-kW-MTU-Motor. Diesem Motor war ein vollautomatisches 10-Gang-Wandlergetriebe von TWIN DISC nachgeschaltet. Die Kraftübertragung erfolgte permanent über das Zentralrohr zu den Achsen. Die Differentiale und Zwischenachsausgleiche waren sperrbar. An den Vorderachsen kamen Blattfedern und Stoßdämpfer zum Einsatz, hinten eine Kombination von Blatt- und Luftfedern. Reifendruck-Steuerung CTIS (Central Tyre Inflation System) und zwei Seilwinden gehörten zum Standard. Die Zugmaschinen waren mit fünfachsigen Tieflade-Sattelaufliegern des Typs ST 75-98 L3 von Kögel Ulm kombiniert. Mit diesem Gespann konnten auch im Wüsteneinsatz 74 Tonnen mit hoher Geschwindigkeit bewegt werden.

Die aus der Technik des Tatra T 815-2 und TERRNo1

Zum Sortiment gehörten auch T 816 G3 LIWA – Typ 6ZVR86/33 mit Cargotec Multilift MK IV Ladeeinrichtung.

Der bisher stärkste Tatra-Lkw ist die Sattelzugmaschine T 816-6 VWN9T von 1998, ausgerüstet mit einem 610-kW-MTU-Motor.

abgeleiteten, aber sehr spezifischen militärischen Baumuster fasste Tatra seit 1997 in der Typenfamilie FORCE T 816 (später T 815-6) zusammen, die hauptsächlich für Kunden außerhalb Europas bestimmt war. Zum Antrieb dienten wassergekühlte Motoren von KHD, Cummins und Caterpillar mit bis zu 522 kW Leistung. Als mögliche Achsantriebsformeln waren 6x6 bis 12x12 im Angebot. Besonders die Vier- bis Sechsachser dienten als Basis schwerer Spezialfahrzeuge. So kam in Indien eine große Anzahl von FORCE-Fahrgestellen als Träger für Raketensysteme zum Einsatz, die mit Cummins-Motoren und vollautomatischen TWIN-DISC-Getrieben ausgerüstet waren. Bei den 12x12-Chassis, die als Basis der BrahMos-Marschflugkörper eingesetzt wurden, waren zwei Vorder- und zwei Hinterachsen lenkbar.

T 816-6 VWN9T 43 610 8x8.1R	
Bauart:	Sattelzugmaschine
Bauzeit:	1998
Motor:	MTU 12 V 183 TD22, 12-Zylinder-V-Dieselmotor, wassergekühlt
Hubraum:	21.930 cm³
Leistung:	610 kW (830 PS) bei 2.100 U/min
Getriebe:	10 + 1 Gänge (TWIN DISC Vollautomatik)
L x B x H:	9.020 x 2.780 x 3.390-3.510 mm
Radstand:	1.650 + 3.100 + 1.450 mm
Leermasse:	20.500 kg
Sattellast:	23.000 kg
Bereifung:	16.00 R 20 vorn; 24.00 R 20.5 hinten
Höchstgeschwindigkeit:	85 km/h
Bemerkung:	Treibstofftanks 2 x 600 Liter

Das dreiachsige Chassis mit langer Kabine T815-6MOR17/414 gehörte zu den Basistypen der FORCE-Baureihe für den militärischen Einsatz. (Foto: MDü)

Sechsachsiges Fahrgestell FORCE T 815-6 12x12.1R für den Aufbau von Raketenwerfern in Indien.

T 815-6MWR8T 45 324 12x12.1R	
Bauart:	Spezial-Fahrgestell
Bauzeit:	2006 - 2010
Motor:	Cummins ISM 440E, 6-Zylinder-Reihen-Dieselmotor, wassergekühlt
Hubraum:	10.800 cm³
Leistung:	324 kW (441 PS) bei 1.800 U/min
Getriebe:	6 + 1 Gänge (TWIN DISC Vollautomatik)
L x B x H:	14.030 x 2.500 x 3.100 mm
Radstand:	1.650 + 5.000 + 1.450 + 2.110 + 1.650 mm
Leermasse:	18.440 kg
Nutzmasse:	26.560 kg
Bereifung:	16.00 R 20
Höchstgeschwindigkeit:	81 km/h

Unter der Bezeichnung ATC 6x6 kamen in den USA modifizierte Tatra-FORCE-Lkw im Jahr 2005 nach Israel. ⇦

ARMAX-Chassis T 815-2 26WR25 mit militärischem Spezialaufbau bei einer Vorführung zum Tag der Bodentruppen der tschechischen Streitkräfte 2018. (Foto: Adam Hauner / CC BY-SA 4.0) ⇩

Zweiachsiger Pritschenwagen T 815-26WR45 17 255 4x4.1 aus der ARMAX-Baureihe.

Eine aus der FORCE-Reihe abgeleitete Besonderheit waren die Tatra-Pritschenfahrzeuge T815-6MWV27 26 298 6x6.1R, von denen 302 Stück unter der schlichten Bezeichnung ATC 6x6 beim israelischen Militär zum Einsatz gelangten. Dabei stand ATC für American Truck Company, dem durch den damaligen Mehrheitsaktionär TEREX installierten Tatra-Importeur und Montagebetrieb in den USA. Beim Verkauf wurden die Tatra-Markenzeichen durch ATC-Labels ersetzt. Die ATC 6x6 hatten turboaufgeladene Cummins-Motoren ISM 400 und 6-Gang-Twin Disc-Automatikgetriebe. Die Höchstgeschwindigkeit war elektronisch auf 110 km/h begrenzt. Im Rahmen des United States Foreign Military Sales Program kamen die ATC 6x6 im Jahr 2005 nach Israel.

Mit dem Beitritt der Tschechischen Republik zur NATO im Jahr 1999 begann auch eine Erneuerung der technischen Ausstattung der tschechischen Armee. Tatra

T 815-26WV25 26 255 6x6.1	
Bauart:	Pritschenwagen
Bauzeit:	1999 - 2013
Motor:	Tatra T3B-928-60, 8-Zylinder-V-Dieselmotor, luftgekühlt
Hubraum:	12.667 cm^3
Leistung:	255 kW (347 PS) bei 1.800 U/min
Getriebe:	(5 + 1) x 2 Gänge (mit Zusatzgetriebe)
L x B x H:	7.880 x 2.500 x 2.990 mm
Radstand:	3.440 + 1.450 mm
Leermasse:	11.300 kg
Nutzmasse:	14.700 kg
Bereifung:	14.00 R 20
Höchstgeschwindigkeit:	105 km/h
Bemerkung:	auch mit Cummins-Dieselmotor lieferbar

reagierte unter anderem mit einer Anpassung seines Lastwagen-Angebots an NATO-Vorgaben und präsentierte die Baureihe T 815-2 ARMAX. Im Gegensatz zu den FORCE T 815-6 setzte Tatra bei ARMAX verstärkt auf bekannte Baugruppen, wie luftgekühlte Motoren und eigene Getriebe. Die Verbesserungen der TERRNo1-Modelle standen ebenfalls zur Verfügung. Geboten wurde ein breites Produktportfolio zwei-, drei- und vierachsiger Fahrzeuge, natürlich mit Zentralrohrrahmen. Federungen gab es mit herkömmlicher oder KING-FRAME-Bauart an den Hinterachsen in normaler oder schwerer Ausführung. Die Ausstattungsmöglichkeiten umfassen u.a. die automatische Regulierung der Bodenfreiheit, wahlweise Single- oder Doppelbereifung und Reifendruckregulierung.

Außer zur tschechischen Armee konnten ARMAX-Lkw unter anderem nach Polen und Ungarn verkauft werden. Für Exporte waren auch Motoren und Getriebe anderer Hersteller lieferbar. So wurden die für Ungarn bestimmten Lastwagen mit einheimischen 265-kW-Dieselmotoren des Typs Raba D10 bestückt. Auch Cummins-Diesel standen im Angebot. Zum Ende des Jahres 2013 lief die Fertigung der ARMAX-Reihe aus, da bereits die neue Baureihe FORCE T 815-7 zur Verfügung stand.

FORCE T815-6MOR87 8x8 Kraftstofftankwagen mit 324-kW-Cummins-Motor und einem Fassungsvermögen von 12.500 Litern.⇨

Die ARMAX T 815-26WV25 - Pritschen-Lkw waren besonders als Angebot für die tschechischen Streitkräfte konzipiert.

ARMAX T815-29ON3T Militär-Sattelzugmaschine mit mittellanger Kabine und Tatra-Motor T3C-928-90 (300 kW).

Beim Militär-Spezialchassis FORCE T815-6ZVR8T 10x10 mit Deutz-Motor BF8M (400 kW) ist auch die fünfte Achse lenkbar.

Baureihe T 815-7 FORCE

Die Entwicklung der später als T 815-7 bzw. FORCE bezeichneten Baureihe geht zurück auf das Jahr 2001. Zu dieser Zeit erfolgte eine Ausschreibung der United States Marine Corps (USMC) zur Erneuerung ihrer Flotte an schweren Logistik-Fahrzeugen. Das Projekt trug den Titel LVSR für Logistic Vehicle System Replacement und forderte fünfachsige Fahrgestelle, Schlepper und Sattelzugmaschinen, deren Kabinenhöhe die Beförderung in Flugzeugen des Typs C-130 Hercules und auch auf den unteren Decks der USMC-Transportschiffe erlaubte. Ab 2002 liefen bei Tatra in Koprivnice die konstruktiven Arbeiten, während die offizielle Teilnahme an der Ausschreibung über die amerikanische TEREX-Tochterfirma American Truck Company (ATC) erfolgte. Ursprünglich war daran gedacht, die TERRNo1-Kabine den Anforderungen entsprechend zu verändern oder abzusenken. Die Tatra-Konstrukteure entschieden sich aber zugunsten einer Kabine mit einfacher Geometrie, basierend auf geraden Flächen. Ähnlich zeigte sich auch die Offerte der US-Firma Oshkosh, mit der es ATC/Tatra gemeinsam in die zweite Phase der Evaluation geschafft hatte. Letztlich fiel 2006 die Kaufentscheidung der USMC aber zugunsten von Oshkosh.

Trotzdem war das LVSR-Projekt ein Innovationsanschub für Tatra. Auch die Mitgliedschaft Tschechiens in der NATO hatte die begonnenen Entwicklungsarbeiten weiter motiviert. Aus dem Tatra-LVSR-Prototyp eines 5-achsiges Fahrzeugs mit vier gelenkten Achsen von 2004 entwickelten die Konstrukteure in der Folge eine umfangreiche militärische Baureihe, die zunächst noch die Bezeichnung T 817 trug. Im Zuge von Homologationsverfahren nutzte Tatra später den Typcode T 815-7. Dazu kam ab 2014 der Handelsname FORCE, der auch schon einmal bei den Militärlastwagen der

Ein amerikanischer Oshkosh-LVSR-Lastwagen, dessen Kabinengestaltung ähnliche Ansätze wie beim Tatra-LVSR-Projekt, dem späteren T 815-7, zeigt. (Foto: Oshkoshdefense / CC SA-4.0)

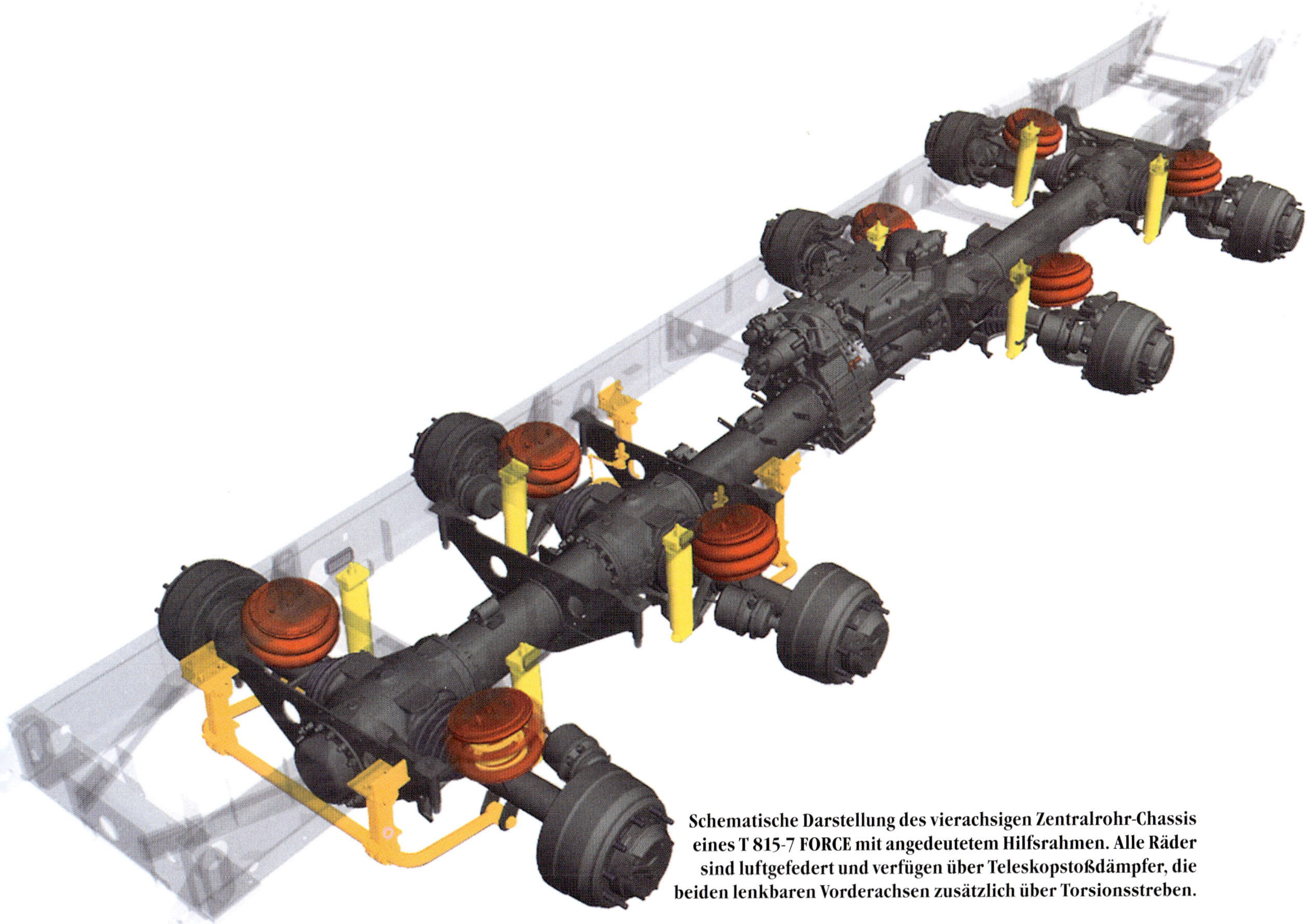

Schematische Darstellung des vierachsigen Zentralrohr-Chassis eines T 815-7 FORCE mit angedeutetem Hilfsrahmen. Alle Räder sind luftgefedert und verfügen über Teleskopstoßdämpfer, die beiden lenkbaren Vorderachsen zusätzlich über Torsionsstreben.

Baureihe T 815-6 Verwendung fand. Bis heute entstand ein umfassendes Angebot militärischer Fahrzeuge mit zwei, drei, vier und fünf Achsen. Wichtig war eine hohe Standardisierung, um den verschiedensten Kundenwünschen mit vertretbarem Aufwand entsprechen zu können. Dabei wurde das bewährte Tatra-Zentralrohrchassis-Konzept mit den unabhängig voneinander schwingenden Halbachsen konsequent genutzt, was ein hervorragendes Fahrverhalten im Gelände ermöglicht. Das tragende Rohr schützt die innenliegenden Antriebswellen und Differentiale vor Schmutz, Feuchtigkeit und mechanischen Beschädigungen. Neben den luftgekühlten Tatra-Motoren und eigenen Getrieben sind wassergekühlte Motoren von Cummins, Cater-

T 815-790R99 8x8 Chassis	
Bauart:	Chassis für Militärfahrzeuge
Bauzeit:	seit 2007
Motor:	Tatra T3C-928-90, 8-Zylinder-V-Dieselmotor, luftgekühlt
Hubraum:	12.667 cm³
Leistung:	300 kW (408 PS) bei 1.800 U/min
Getriebe:	(7 + 1) x 2 Gänge (Halbautomatik mit Zusatzgetriebe)
L x B x H:	9.445 x 2.550 x 2.775 mm
Radstand:	1.950 + 2.860 + 1.450 mm
Leermasse:	13.300 kg (Chassis)
Nutzmasse:	24.700 kg (Chassis)
Bereifung:	16.00 R 20
Höchstgeschwindigkeit:	110 km/h

Mit diesem T 815-790R99, einem Chassis mit typisch niedriger, kippbarer Kabine und Pritschenaufbau, konnte der Autor eine beeindruckende Fahrt über das anspruchsvolle Testgelände in Koprivnice erleben. (Foto: MDü)

Dieses vierachsige Universal-Chassis T 815–7T3RC1 8×8.1R mit 300-kW-Tatra-Motor verfügt über die 2019 überarbeitete FORCE-Kabine in der Langausführung.

Zweiachsiger T 815-7T3R21 4x4.1R mit 270-kW-Tatra-Motor als universeller Containerträger.

pillar und Deutz sowie manuelle und automatische Schaltgetriebe verschiedener Hersteller lieferbar. Die Vorder- und Hinterachsen werden luftgefedert. Hinten sind auch kombinierte KING-FRAME-Federungen lieferbar. In den Radnaben sind Untersetzungen optional, ebenso wie Reifendruck-Steuerungen CTIS. Im umfangreichen militärischen FORCE-Lieferangebot finden sich Chassis für Sonderaufbauten, deren Kabine eine Panzerung nach verschiedenen Standards erlaubt. Es gibt Pritschenwagen und Containerträger mit und ohne Absetzeinrichtungen, Sattelzugmaschinen, Tankwagen, Bergungsfahrzeuge mit Kranaufbau, Winden und Schiebeschild sowie niedrig bauende Teleskopkrane. Eine Gesamtdarstellung würde den Rahmen dieser Publikation weit überschreiten.

Seit 2009 werden Chassis der eigentlich für das Militär entwickelten Baureihe T 815-7 FORCE auch für verschiedene Feuerwehr- und Spezialaufbauten angeboten, bei denen es besonders auf robuste Ausführung und Geländegängigkeit ankommt. Dazu trägt auch die Luftfederung mit Niveauregulierung an allen Achsen und eine Watfähigkeit von mindestens 1.100 mm bei. Auch die niedrige Kabinenhöhe ist von Vorteil. Eine der ersten zivilen Anwendungen erfolgte durch die russische Firma PoshTechnika Torshok, die eine Feuerwehrleiter PSA TPL-54 auf ein Fahrgestell TATRA 815-790R84 8x8.2 montierte.

Die Aufbauten für die meist zwei- und dreiachsigen FORCE-Feuerlöschfahrzeuge wurden traditionell von der tschechischen Firma THT in Policka geliefert.

Die schwere Sattelzugmaschine T 815-7M3N46 8x8.1R mit 447-kW-Cummins-Motor ist als Exportangebot für arabische Staaten auch für den Panzertransport ausgelegt.

Ein fünfachsiger T 815-7 mit einem nach NATO-Standard ausgelegten Handling-System.

Schweres Bergefahrzeug T 815-7M3RC4 8x8.1R mit Cummins-Motor, gepanzerter Kabine, HIAB-Kran, 25-Tonnen-Winde und Schiebeschild.

Die Rüstungsholding Czechoslovak Group, zu der die Tatra Trucks AG gehört, wirbt auch mit diesem Geschosswerfer auf dem Fahrgestell des Tatra FORCE 8x8.

Verbreitet sind besonders die 6x6-Tanklöschfahrzeuge CAS 30 mit einer Pumpenleistung von 3.000 Liter pro Minute und 9.000 Liter Wassertank. Im Jahr 2014 gab es einen Auftrag aus der Slowakei über 166 Stück dieses Typs auf dreiachsigen T 815-7-Chassis. Unter Nutzung einer Ausnahmeregelung konnten in Tschechien und der Slowakei auch weiterhin Euro-5-Dieselmotoren verwendet werden. Bei den dreiachsigen Feuerwehren waren es meist die 325-kW-Motoren Tatra T3D-928-31, bei den Zweiachsern auch 280-kW-Motoren T3D-928-21. Inzwischen montiert auch das polnische Unternehmen WISS aus Bielsko Biala mit seinen tschechischen und deutschen Zweigbetrieben (Thoma-WISS) Feuerlöschfahrzeuge auf den dreiachsigen Tatra-FORCE-Fahrgestellen, die auch in Deutschland und Tschechien eingesetzt werden.

T 815-731R32 26 325 6x6.1 - Chassis mit CAS 30 THT - Aufbau	
Bauart:	Tanklöschfahrzeug
Bauzeit:	seit 2009
Motor:	Tatra T3D-928-31, 8-Zylinder-V-Dieselmotor, luftgekühlt
Hubraum:	12.667 cm³
Leistung:	325 kW (442 PS) bei 1.800 U/min
Getriebe:	(7 + 1) x 2 Gänge (mit Zusatzgetriebe)
L x B x H:	9.190 x 2.550 x 2.860 mm
Radstand:	4.090 + 1.450 mm
Leermasse:	14.750 kg
Nutzmasse:	10.250 kg
Bereifung:	14.00 R 20
Höchstgeschwindigkeit:	100 km/h
Bemerkung:	Wassertank 9.000 Liter, Schaumkonzentrat 540 Liter

Russischer Feuerwehrleiteraufbau auf einem 8x8-Chassis der Baureihe T 815-7 auf einer Ausstellung 2009. (Foto: Vitaly V. Kuzmin / CC BY-SA 3.0)

Großtanklöschfahrzeug GTLF 9000-500 mit einem Aufbau CAS 30 von THT auf dem Chassis T 815-731R32 6x6.1, geliefert 2012 für die Freiwillige Feuerwehr Perleberg. (Foto: ERWE)

Bei der Freiwilligen Feuerwehr Mühlenbecker Land ist seit 2016 ein dreiachsiger Tatra T 815-7 mit TLF-30-Aufbau von Thoma-WISS im Einsatz. (Foto: MDü)

Die wendigen, allradgetriebenen zweiachsigen Feuerlöschfahrzeuge aus der Reihe T 815-7 eignen sich besonders für den Einsatz bei niedrigen Durchfahrtshöhen und im schwierigen Gelände. Für die Buschbrandbekämpfung in Australien lieferten Tatra und THT unter der Bezeichnung »Aussie Wildfire 5-4« einige Spezial-Löschfahrzeuge des Typs CAS 30 auf dem zweiachsigen Chassis T 815-732R53/41A. Die Fahrzeuge wurden gegen extreme Hitze mit einem speziellen Selbstschutzsystem ausgerüstet. Die Anlage umfasste einen 700-Liter-Wassertank, der für einen 5-minütigen Betrieb des Systems bei Motorleerlauf ausreicht. Das unter Druck stehende Wasser wird durch Rohrleitungen zu Schutzdüsen gepumpt, die sich an der Fahrzeugaußenseite befinden und so die Fahrerkabine, die Plattform mit den Bedienern, das Dach und die Fahrzeugunterseite einschließlich der Reifen und der Luftfederbälge schützen können. Die beiden Löschwassertanks des Aussie Wildfire fassen 3.900 Liter. Dazu gibt es 2 x 100 Liter Schaumkonzentrat.

Die für Europa bestimmten zweiachsigen FORCE-Löschfahrzeuge fassen in der Regel 4.000 bzw. 4.300 Liter Löschwasser und 500 bzw. 300 Liter Schaumkonzentrat. Im Mai 2017 konnte ein solches Fahrzeug an die Freiwillige Feuerwehr im ostsächsischen Großschönau übergeben werden. Im Herbst 2019 folgte ein ähnliches Fahrzeug für den Einsatz im Wartburgkreis.

Einen bedeutenden Erfolg konnten Tatra und der Aufbauhersteller THT Policka im Frühjahr 2020 bei einer Ausschreibung des Landes Brandenburg über Tanklöschfahrzeuge zur Waldbrandbekämpfung verbuchen. In den Jahren 2021 und 2022 sollen insgesamt 35 Feuerwehren nach Brandenburg geliefert werden. Mecklenburg-Vorpommern, das sich dieser Ausschreibung angeschlossen hatte, wird weitere elf Fahrzeuge erhalten.

Tatra liefert dafür FORCE-Fahrgestelle des Typs T 815-7M6R21.42Z 4x4.1, die mit wassergekühlten 291-kW-Cummins-Motoren ISL L9E6C400 nach Euro-6-Abgasnorm und mit sechsstufigen Allison-Automatikgetrieben Typ 4500 ausgestattet werden.

Die CAS 30 - Löschfahrzeuge »Aussie Wildfire 5-4« von THT auf Tatra-Chassis T815-732R53 4x4.1R sind zur Bekämpfung von Buschbränden in Australien bestimmt und wurden mit einem Selbstschutzsystem ausgerüstet.

Auf der Messe Florian 2019 in Dresden gezeigtes Tanklöschfahrzeug TLF 4000 auf Tatra T 815-7 4x4.1 mit luftgekühltem 280-kW-Tatra-Motor für den Wartburgkreis. (Foto: MDü)

Ein FORCE-THT-Löschfahrzeug präsentiert hier seine hohe Wasserdurchfahrtfähigkeit.

In der Technischen Einrichtung für Brand- und Katastrophenschutz des Landes Brandenburg in Borkheide erfolgte im März 2021 die Musterabnahme des »Tanklöschfahrzeuges Waldbrand« auf Basis Tatra FORCE 4x4 mit THT-Feuerwehrausrüstung. (Fotos: LSTE Brandenburg)

Die Höchstgeschwindigkeit des 18 Tonnen schweren Fahrzeugs beträgt 100 km/h mit Begrenzer, die Steigfähigkeit 38 Grad. Die Wasserdurchfahrtfähigkeit mit Aufbau liegt bei mindestens 1.100 mm.

Die feuerwehrtechnische Ausstattung von THT umfasst einen Löschwassertank mit 4.800 Litern und einen Tank für Schaumkonzentrat von 180 Litern. Der Volumenstrom des elektrisch gesteuerten Frontwerfers liegt zwischen 400 und 800 Litern pro Minute, der des aufsteckbaren Dachwerfers bei ca. 1.600 Litern pro Minute.

Zu den High-Tech-Feuerwehren zählen die beiden Großlöschfahrzeuge CZS 40 und TIGON, die von THT bzw. Rosenbauer auf vierachsigen FORCE-Spezialchassis aufgebaut wurden.

Der Feuerwehrbereich für Rettung und Katastrophenschutz der Tschechischen Republik beschaffte im Oktober 2018 das erste Tanklöschfahrzeug CZS 40/12000 – S 3 auf dem allradgelenkten Chassis TATRA T815-7M0RC1.371 8x8.1. Dieses 36 Tonnen schwere Spezialfahrzeug für Einsätze in Hochrisikobereichen ist mit einer viertürigen gepanzerten Kabine der ballistischen Schutzstufe 2 nach NATO-Norm und weiteren Schutzmaßnahmen für die Feuerlöschtechnik und das Fahrgestell ausgestattet. Dies betrifft auch chemische, erdölhaltige und giftige Stoffe, sowie Kampfgifte und biologische Stoffe. Der Antrieb erfolgt über einen 373-kW-Cummins-Motor und eine automatische Allison-Schaltung des Typs 4500R. Der Wassertank fasst 12.000 Liter. Die Pumpenleistung beträgt 4.000 Liter pro Minute.

Gepanzertes Speziallöschfahrzeug CZS 40/12000 von 2018 mit Aufbau von THT auf Tatra-FORCE-Chassis mit Vierachslenkung und Cummins-Motor.

018
TIGON

018
TIGON

Als Kombination innovativer Feuerwehrtechnik der österreichischen Firma Rosenbauer und einem leistungsfähigen und geländegängigem Chassis von Tatra präsentierten beide Unternehmen im Sommer 2018 das Universallöschfahrzeug TIGON. Das von Größe und Ausstattung her einmalige Fahrzeug ist für den Einsatz auf saudischen Ölfeldern, in der Industrie und auf Flughäfen bestimmt, wenn es darum geht, mit hoher Geschwindigkeit und auch auf schwierigem Untergrund zu operieren. Das vierachsige Chassis FORCE T815-7 8x8 verfügt über zwei gelenkte Vorderachsen und eine viertürige FORCE-Doppelkabine, die fünf voll ausgestatteten Feuerwehrleuten Platz bietet. Den Antrieb übernimmt ein Volvo-Motor TIER II mit 515-kW-Leistung, dem ein siebenstufiges Allison-Automatikgetriebe nachgeschaltet ist. Damit kann der TIGON in 35 Sekunden auf 80 km/h beschleunigen und erreicht 120 km/h Höchstgeschwindigkeit. Die großen Einzelreifen der Dimension 24.00 R21 sind mit dem integriertem Reifendruck-Regelsystem CTIS ausgestattet. Die Dimensionen 12.260 mm Länge x 2.900 mm Breite x 3.700 mm Höhe und die zulässige Gesamtmasse von 43.000 kg verdeutlichen den starken Auftritt des TIGON. Der Aufbau, den Rosenbauer aus Aluminium fertigt, ist über einen Hilfsrahmen auf dem tragenden Zentralrohr befestigt. Die Löschmittelbehälter fassen 9.000 Liter Wasser, 3.500 Liter Schaum und 500 kgPulver. Die Rosenbauer-Löschanlage besteht aus der Kombination einer Normaldruckpumpe N80 mit einer Leistung von 8.000 Liter pro Minute bei 10 bar und einer H5-Hochdruckpumpe, die 500 Liter pro Minute bei 40 bar fördert. Dazu kommt ein automatisches Druckzumischsystem. Der Griff-gesteuerte Dachwerfer kann bis zu 9.500 Liter pro Minute über 100 Meter weit werfen, dazu hat der Joystick-gesteuerte Frontwerfer einen Radius bis 70 Meter. Um auch bei schneller Fahrt löschen zu können, verfügt der TIGON über eine Pump-and-roll-Einrichtung mit Power-Take-off-Nebenabtrieb. Bodensprühdüsen sorgen für den Selbstschutz des

Das Universallöschfahrzeug TIGON von Rosenbauer auf Tatra-FORCE-Chassis ist besonders für den Einsatz in der Industrie, auf Erdölfeldern und Flughäfen konzipiert. ⇦

Bei dieser Fahrt über das Tatra-Testgelände in Koprivnice zeigt der TIGON seine extreme Geländetauglichkeit auf Basis der Zentralrohrtechnik und der einzeln pendelnden Achsen.

Fahrzeugs. Durch die modulare Bauweise der Tatra-Zentralrohrtechnik ist eine Verlängerung des TIGON auf fünf Achsen und damit eine Erhöhung der Löschmittellmenge bis zu 25.000 Liter möglich.

Neben den Löschfahrzeugen gibt es eine große Anzahl leistungsfähiger Spezialaufbauten auf Tatra-Chassis, die besonders beim tschechischen Feuerwehrbereich für Rettung und Katastrophenschutz ihren Dienst tun. Dabei handelt es sich meist um angepasste Baumuster aus dem Angebot der Militär- und Baufahrzeuge. Im Einsatz sind unter anderem Pritschenwagen mit Ladekran, Autodrehkräne, Kipper und Container-Absetzer.

Bereits seit 2018 existiert ein TATRA FORCE mit modernisiertem Fahrerhaus für Feuerwehraufbauten, deutlich zu erkennen an der veränderten Dachform und der etwas modifizierten Frontgestaltung. Hauptsächlich ging es aber um die Vergrößerung des Innenraums für die Besatzung. Dazu wurde auch der Antriebsstrang des Fahrzeugs verändert und der Motor etwas nach hinten

Vierachsiger FORCE-Pritschenwagen mit italienischem FASSI-Ladekran beim Feuerwehrtreffen 2014 in Litomerice. (Foto: MDü) ⇦

Ein 20-Tonnen-Autodrehkran der Feuerwehr Melnik, gebaut von CKD auf FORCE-6x6-Fahrgestell, bei einer Geländevorführung 2018. (Foto: Adam Hauner / CC BY-SA 4.0) ⇩

Aus dem Militärprogramm stammt dieses für die Feuerwehr-Rettungseinheit adaptiertes, vierachsiges FORCE-Chassis mit Container-Handling-Aufbau.

versetzt. Offensichtlich wird aber auch noch die bisherige Kabinen- / Fahrgestellausführung geliefert.

Unter Nutzung der FORCE-Technik montiert Tatra nach Einzelaufträgen auch Fahrgestelle für die Montage von speziellen Sonderaufbauten, wie Bohrgeräten und Rohrtransportern. Durch die modulare Rohrrahmen-Bauart sind dabei auch sehr lange Fahrzeuge und die spezifische Anordnung gelenkter Achsen möglich.

Ein Bespiel war das bereits 2013 vorgestellte 8x8-Fahrgestell mit Fliegl-Kipper-Aufbau für den Export nach Australien. Bei diesem für den Bergwerkseinsatz bestimmten Fahrzeug waren drei Achsen hinten angeordnet, wobei auch die letzte Achse lenkbar war.

Im selben Jahr baute Tatra auf Wunsch des italienischen Bohrgeräteherstellers Drillmec das erste Fahrgestell T 815-7C1R70 12x8 . Der Aufbau erfolgte in der One-Engine-Truck-Bauweise. Das heißt, dass der 328-kW-Caterpillar-Motor sowohl das Fahrzeug selbst antrieb, wie auch die Kraft für den Spezialaufbau lieferte. Als Einzelanfertigung folgte ebenfalls für ein Drillmec-Bohrgerät ein achtachsiges Fahrgestell, bei dem jeweils die vorderen und hinteren drei Achsen lenkbar waren.

Beim Rohrtransporter T 815-7 mit besonders tief gesetzter Kabine werden drei der sechs Achsen angetrieben, vier sind lenkbar.

Für den Bergwerkseinsatz in Australien lieferte Tatra das 8x8-Fahrgestell mit 325-kW-Tatra-Motor und Allison-Automatikgetriebe. Den Muldenkipper montierte die Firma Fliegl. ⇨

Tatra stellte 2018 ein dreiachsiges FORCE-Chassis mit überarbeiteter Kabine für Feuerwehraufbauten vor – hier zu sehen neben der seit 2009 angebotenen Ausführung. ⇦

Zu den ersten zivilen Anwendungen des T 815-7 zählte ein Chassis für den Autokran AD-30.

Konzipiert für einen Bohrgeräteaufbau der italienischen Firma Drillmec gestaltete Tatra dieses sehr lange Fahrgestell mit sechs gelenkten Achsen. ⇨

Sechsachsiger Bohrgeräte-Träger T 815-7 12x6 mit vier lenkbaren Achsen.

Baureihe T 810

Die heute als TACTIC bezeichnete Baureihe T 810 nimmt eine Sonderstellung bei den Tatra-Lastwagen ein. Ihre Wurzeln gehen nicht auf eine Eigenentwicklung zurück und die Fahrzeuge entsprechen auch nicht dem klassischen Tatra-Fahrwerkskonzept. Vorläufermodell war der ROSS R 210, eine Konstruktion der Firma ROSS aus Roudnice n.L. Dieses bereits 1880 als Pflug-Schmiede gegründete Unternehmen gehörte in der ersten Hälfte des 20. Jahrhunderts zu den größten Herstellern von Landmaschinen in Mitteleuropa. Nach der Verstaatlichung erhielt das Werk ab 1946 den Namen »Agrostroj« und hieß ab 1982 »Agrozet«. Neben Landtechnik, Schmiede- und Gussteilen fertigte man auch Rahmen und Fahrzeugteile für Praga, Avia, Tatra und LIAZ.

Ursprünglich als Trägerfahrzeug für landwirtschaftliche Aufbauten konzipiert, stellte Agrozet 1992 den Viertonner-Lastwagen VIZA vor, bestehend aus Komponenten verschiedener Hersteller. Nur der Rahmen und die Pritsche stammten aus eigener Agrozet-Fertigung, die Kabine kam vom Tatra T 815.

Nach der Privatisierung wurde das Unternehmen 1994 unter dem Namen »ROSS - Roudnicke strojirny a slevarny a.s.« in eine Aktiengesellschaft umgewandelt.

So sollte die Zukunft von ROSS aussehen. Diese Werbung für den R 210 zeigt neben dem Militär-Lkw auch die seit 1997 präsentierten zivilen Varianten. ⇨

Der ROSS VIZA 440 hatte zwar eine Tatra-Kabine, kam ansonsten aber ohne Tatra-Technik aus. Gezeigt wurde dieser Armee-Prototyp auf der Messe in Brno 1995. (Foto: MDü)

ROSS R 210 6x6
90
ROSS
R 210
ROSS

Einer der wenigen an die tschechische Armee gelieferten ROSS R 210 mit Renault-Kabine, auf dessen Basis der Tatra T 810 entstand. (Foto: ERWE)

Tatra T 810-1R0R26 Pritschenwagen mit Renault-Midlum-Kabine im Einsatz bei der tschechischen Armee. ⇦

T 810-1R0R26 13 177 6x6.1R	
Bauart:	Pritschenwagen (Militär)
Bauzeit:	seit 2007
Motor:	Renault Dxi7, 6-Zylinder-R-Dieselmotor, wassergekühlt; ATL
Hubraum:	7.145 cm³
Leistung:	177 kW (240 PS) bei 2.300U/min
Getriebe:	(6 + 1) x 2 Gänge (mit Zusatzgetriebe)
L x B x H:	7.490 x 2.500 x 3.320 mm
Radstand:	3.150 + 1.200 mm
Leermasse:	8.500 kg
Nutzmasse:	4.500 kg
Bereifung:	365/80 R20
Höchstgeschwindigkeit:	106 km/h
Bemerkung:	mit Winde

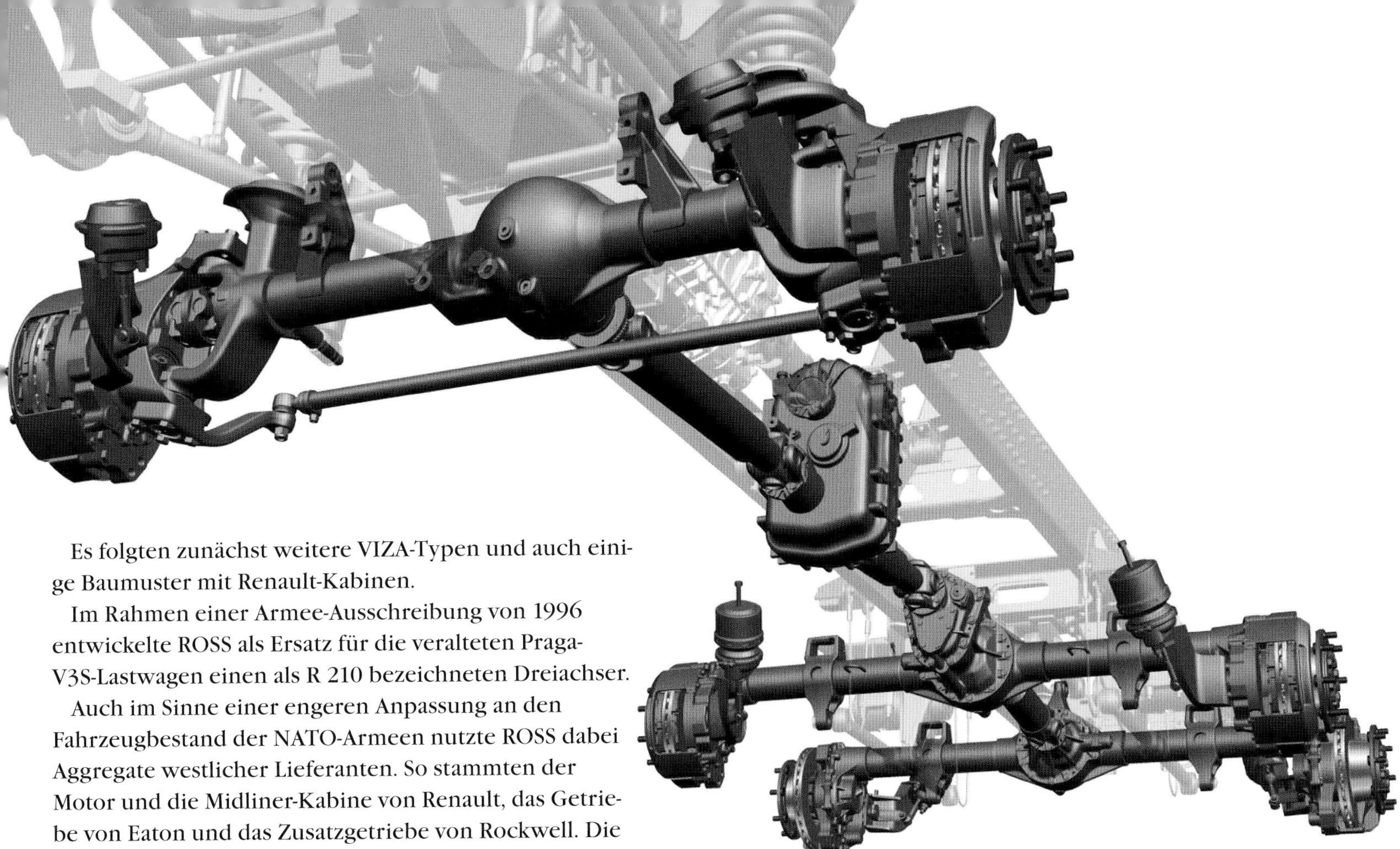

Im Gegensatz zum klassischen Tatra-Konzept verfügt der T 810 über einen Leiterrahmen und Portalachsen.

Es folgten zunächst weitere VIZA-Typen und auch einige Baumuster mit Renault-Kabinen.

Im Rahmen einer Armee-Ausschreibung von 1996 entwickelte ROSS als Ersatz für die veralteten Praga-V3S-Lastwagen einen als R 210 bezeichneten Dreiachser.

Auch im Sinne einer engeren Anpassung an den Fahrzeugbestand der NATO-Armeen nutzte ROSS dabei Aggregate westlicher Lieferanten. So stammten der Motor und die Midliner-Kabine von Renault, das Getriebe von Eaton und das Zusatzgetriebe von Rockwell. Die Starrachsen kamen aus tschechischer Konstruktion. Weitgehend baugleich entwickelte ROSS auch das zivile Baumuster R 210.14, von dem Varianten als Kipper, Kranchassis und mit Tankaufbau existierten.

ROSS konnte die Ausschreibung 1997 zwar gewinnen und zunächst 15 Fahrzeuge liefern, doch dann verzögerte sich die Auftragserteilung durch die Armee für die bis 2003 geplanten Lieferungen. Durch die hohen Vorleistungen für die Entwicklung und Fertigung des R 210 kam ROSS in finanzielle Schwierigkeiten und musste 1998 Insolvenz anmelden. Mit der Liquidation des Unternehmens ging im Februar 1999 die recht kurze Episode des Fahrzeugbaus in Roudnice zu Ende.

Auch wenn die tschechische Armee zunächst das Projekt stoppte, reagierte Tatra auf diesen Bedarf, obwohl die mittelschweren Lastwagen bis dahin weniger zur Kernkompetenz des Unternehmens gehörten. Deshalb kaufte Tatra im Jahr 2002 die Pläne und die Produktionsrechte des ROSS R 210. Für eine Messepräsentation entstand daraus 2003 zunächst der nahezu unveränderte Tatra R 210 M. Tatra stieg aber sehr schnell in die Weiterentwicklung ein. Nach einer verbindlichen Bestellung der tschechischen Armee von 2006 lieferte Tatra ab 2007 zunächst die militärische Variante des nun als T 810 bezeichneten Lasters. Wie schon bei ROSS projektiert, blieb Tatra konzeptionell beim Leiterrahmen und den Starrachsen. Wegen juristischer und qualitativer Probleme ersetzte Tatra die anfangs verwendeten Praga-Achsen durch neu konstruierte, eigene starre Portalachsen, die später als TATRA RICID bezeichnet wurden. Sie hatten Reduktionen in den Radnaben und Differentialsperren. An allen Rädern kamen WABCO-Luftdruck-Scheibenbremsen zum Einsatz. Eingebaut wurden ZF-Synchronschaltgetriebe mit pneumatisch unterstützter Schaltung und zweistufige Verteilergetriebe von ZF Steyr. Die Aufhängung der Vorderachse erfolgte mit Schraubenfedern, Teleskopstoßdämpfern und Torsionsstabilisatoren, dazu kamen Führungsstangen. Hinten gab es Blattfedern und sechs Längsführungsstangen.

Bei den Kabinen und Motoren führte man die Kooperation mit Renault Trucks fort. Das modernisierte Fahrerhaus entsprach nun dem Renault Midlum und erhielt auf Wunsch des Kunden u.a. eine Bodenpanzerung sowie eine Dachluke. Der Renault-Dieselmotor Dxi7 mit

Der T 810 ist auch mit verlängerter und mit Doppelkabine lieferbar, wie hier bei diesem Armee-Fahrgestell.

Für Saudi Arabien bestimmter T 810 - 1R3R32 mit angepasster Ausstattung und festem Aufbau.

Ein T 810 C mit Stahlpritsche und HIAB-Ladekran aus dem Jahr 2010.

Common-Rail-Einspritzung leistete maximal 177 kW.

Bis heute wurden etwas mehr als 600 Stück des T 810 als Pritschenwagen und mit verschiedenen Sonderaufbauten an die tschechische Armee geliefert.

Auf der Rüstungsmesse IDEX in den Vereinigten Arabischen Emiraten wurde 2009 eine spezielle Exportvariante des T 810 vorgestellt, deren Spezifikation sich von der tschechischen Armeeausführung teilweise unterschied. Auf die Panzerung des Kabinenbodens, die Dachluke, Seilwinde, Standheizung und Motorvorwärmung wurde verzichtet. Dafür kamen eine Klimaanlage, eine modifizierte Auspuffanlage und ein Getriebeöl-Zusatzkühler zum Einsatz. Nach langen Verhandlungen mit Saudi Arabien konnte 2013 die Lieferung von mehreren Hundert T 810, zum großen Teil als CKD-Sätze, vereinbart werden. Die ersten 50 Stück wurden noch 2013 an die saudische Nationalgarde geliefert. Inzwischen sind etwa 550 Fahrzeuge im Einsatz. Die Montage im Land erfolgt in Regie des saudischen Staatsunternehmens MIC.

Ab 2014 wurde für den T 810 der Handelsname TACTIC eingeführt.

Wie schon ROSS beim R 210, so konzipierte auch Tatra eine zivile Ausführung des T 810, dic ab 2010 als Variante C (C = commercial) im Angebot war.

Bei gleicher technischer Grundkonzeption gab es einige Unterschiede zu den Militärfahrzeugen. Es standen zwei Radstände zur Verfügung. Das Gesamtgewicht konnte durch verstärkte hintere Blattfedern bis auf 15,5 t erhöht werden. Die robuste Ausführung, die hohe Bodenfreiheit und der beim Typ C zuschaltbare Vorderradantrieb prädestinieren den T 810 C besonders als Basis für mittelschwere Baustellenfahrzeuge und für diverse Sonderaufbauten. Beispiele waren Dreiseitenkipper, Stahlpritschen (auch mit Ladekran), Containerträger, Autokrane, Hubmasten und einzelne Feuerwehren. Allerdings war der Preis für private Anwender zu hoch. Und da der T 810 C die Abgasnorm Euro 6 nicht erfüllte, wurde die Fertigung 2014 eingestellt. Insgesamt sollen nur 40 zivile Varianten des T 810 verkauft worden sein.

Inzwischen wurde bei der TACTIC-Reihe die in die Jahre gekommene Renault-Technik durch ein neues Angebot ergänzt. Auf Wunsch der militärischen Kunden kann aber auch die bisherige Ausführung des T 810 weiter geliefert werden.

Das neue Baumuster, das auch als TACTIC II 4x4 bezeichnet wird, stand 2019 erstmals auf der International Defence Exhibition IDEX in Abu Dhabi. Nicht ohne Grund, denn auch beim neuen Typ zielt Tatra beim Export stark auf die arabischen Länder.

Die Kabine wurde nun mit den modernisierten FORCE-Typen weitgehend vereinheitlicht und ist geräumiger. Die geraden Formen der Kabine dienen der Festigkeit und ermöglichen die Ausstattung mit einem zusätzlichen ballistischen Schutz. Außerdem gibt es ein Druckbelüftungssystem. Statt der Renault-Aggregate kommen nun flüssigkeitsgekühlte Sechszylinder-Turbodieselmotoren Cummins ISB 6.7 mit Ladeluftkühlung und 210 kW Leistung zum Einsatz. Zur Verfügung stehen ZF-Schaltgetriebe oder Allison-Automatikgetriebe.

Dieser T 810 C diente als Chassis für einen Zehntonner-Autokran der Firma CKD Slany. (Foto: CKD / PD)

Seit 2019 bietet Tatra den als TACTIC II bezeichneten Nachfolger de T 810 zunächst als Zweiachser an.

Das zunächst zweiachsig ausgelegte Trag- und Fahrwerk bleibt beim Leiterrahmen und den Tatra-Portalachsen. Dadurch wird eine Bodenfreiheit bis 470 mm und eine Wattiefe von 1.200 mm erreicht. Die Leermasse gibt Tatra mit 7.500 kg an, die Nutzmasse mit 5.500 kg. Es ist damit zu rechnen, dass bald auch eine 6x6-Ausführung folgen wird.

Die Czechoslovak Group, zu der auch Tatra gehört, präsentierte die neue TACTIC-Ausführung auf der Rüstungsmesse IDEX 2019 in Abu Dhabi.

Baureihe T 158 PHOENIX

Nach dem 2010 erfolgten Facelifting und Detailverbesserungen am TERRNo1 erschienen die Möglichkeiten nun ausgeschöpft, auf Basis der Baureihe T 815 und der verfügbaren eigenen Motoren langfristig die Kunden bedienen zu können. Andererseits wollte Tatra auch weiterhin die Vorteile seiner traditionellen, robusten Fahrgestellbauweise nutzen, die durch die KING-FRAME-Federung noch aufgewertet worden war. Die wirtschaftliche Situation erlaubte es Tatra aber nicht, selbst umfangreich in die Entwicklung neuer Motoren, Getriebe und Kabinen zu investieren. Stattdessen entschloss sich das Unternehmen, die Komponenten von einem international etablierten Hersteller zu beschaffen. Bei der Konzeption der als T 158 PHOENIX bezeichneten Baureihe entschied sich Tatra zur Zusammenarbeit mit der niederländischen DAF Trucks N.V. und deren amerikanischen Konzernmutter PACCAR. Die Entwicklung

Die vierachsige Kipper-Variante T 158-8P5R44 mit slowakischem VS-Mont-Aufbau gehörte ab 2011 zu den ersten Ausführungen der neuen PHOENIX-Baureihe. (Foto: MDü)

des T 158 begann bei Tatra im Juli 2010 und der erste Prototyp konnte bereits Anfang Dezember desselben Jahres fertiggestellt werden.

Als erster serienmäßiger PHOENIX-Lkw wurde am 3.9.2011 ein Dreiseitenkipper an ein tschechisches Bauunternehmen übergeben.

Die PHOENIX-Grundkonzeption beinhaltete zunächst wassergekühlte Reihenmotoren MX-13 von PACCAR (Euro 3 und Euro 5) in vier Leistungsstufen von 265 kW bis 375 kW. Dazu kamen manuell geschaltete 16-Gang-ZF-Getriebe oder automatische 16-Gang-AS-Tronic, beide auf Wunsch mit integriertem Retarder. Das Trag- und Fahrwerk basierte auf dem Tatra-Zentralrohrrahmen und unabhängigen Pendelhalbachsen mit Luftfederung vorn und hinten. An den Vorderachsen kamen Teleskopstoßdämpfer und Torsionsstabilisatoren zum Einsatz. An den Hinterachsen konnte zwischen

Der PHOENIX T 158 basiert auf dem typischen Tatra-Zentralrohrchassis, ist aber mit Luftfederung vorn und meist mit dem KING-FRAME-System hinten ausgerüstet.

Das Tanklöschfahrzeug CAS 20 S2Z von THT nutzt das 4x4-Chassis PHOENIX T158-8P5RA3 und hat eine spezielle Doppelkabine von der Firma ESTEPE.

Blattfedern oder dem kombinierten KING-FRAME-System gewählt werden, auch in der durch Blattfedern verstärkten Ausführung. Von Anfang an orientierte man auf drei Chassis-Varianten mit zwei, drei oder vier Achsen, die 2011 zunächst mit Kipperaufbauten präsentiert wurden. Die Fahrerkabine übernahm Tatra vom DAF CF 65, entweder in der kurzen Ausführung oder auch als Schlafkabine mit einer oder zwei Liegen.

Die Baureihe richtete sich zunächst an Kunden beim Bau und im Bergbau sowie bei der Forst- und Kommunalwirtschaft. Dazu kamen auch militärische Varianten. Nach der Einführung der Abgasregelung Euro 6 wurde die Palette der PACCAR-Motoren entsprechend erweitert. Für den Export nach außerhalb der EU standen aber auch weiterhin die Euro-3- und Euro-5-Triebwerke zur Verfügung. Schrittweise wurde das Portfolio der

T 158-8P5R46 8x8.2R/231	
Bauart:	Hinterkipper
Bauzeit:	seit 2013
Motor:	PACCAR MX340 HD, 6-Zylinder-Reihen-Dieselmotor, wassergekühlt
Hubraum:	12.902 cm³
Leistung:	340 kW (462 PS) bei 1.500 - 1.900 U/min
Getriebe:	(8 + 1) x 2 Gänge (mit Zusatzgetriebe)
L x B x H:	9.060 x 2.550 x 3.600 mm
Radstand:	2.150 + 2.560 + 1.450 mm
Leermasse:	18.000 kg
Nutzmasse:	32.000 kg
Bereifung:	315/80 R 22.5
Höchstgeschwindigkeit:	70 km/h
Bemerkung:	Ausführung für Russland

Ein PHOENIX T 158-8P5R46 8x8-Kipper beim Einsatz in Russland.

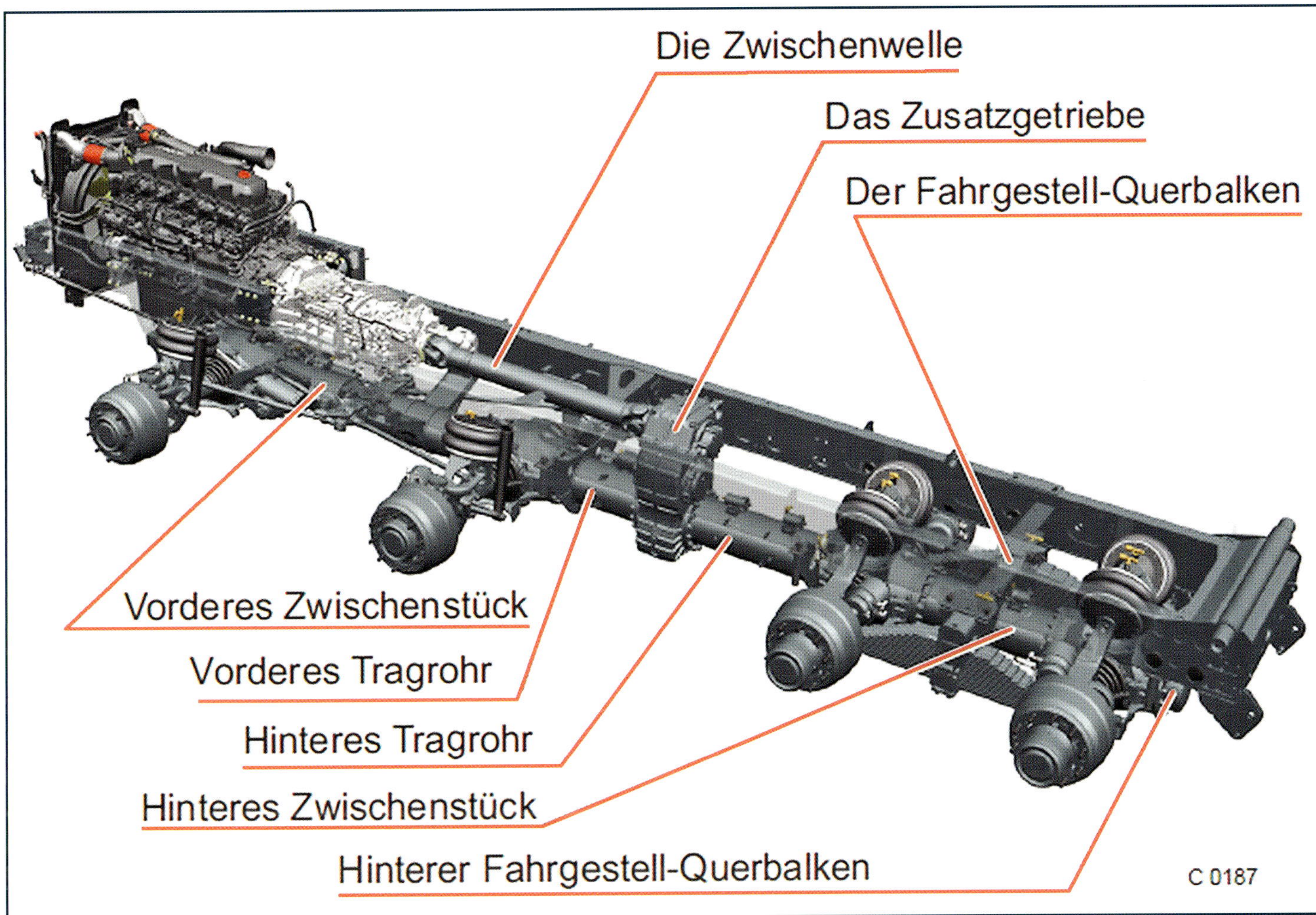

Tatra PHOENIX-Fahrgestell mit vier angetriebenen Achsen und schwerer KING-FRAME-Ausführung mit zusätzlichen Blattfedern an den Hinterachsen.

PHOENIX-Typen erweitert. Bei den Kipper-Aufbauten kooperierte Tatra schon seit 2011 mit der slowakischen Firma VS-Mont. Für Feuerwehraufbauten standen auch PHOENIX-Fahrgestelle mit den Antriebsformeln 4x4 und 6x6 in der Angebotsliste. Dabei wurden spezielle Doppelkabinen verwendet, welche die Firma ESTEPE im niederländischen Ort Heesch aus dem DAF-CF-Grundtyp montiert.

Nach der Einführung der PHOENIX-Baureihe versuchte Tatra, durch spezielle Varianten auch die östlichen Exportkunden wieder besser zu bedienen. Dem diente auch die 2013 vorgestellte, schwere 8x8-Variante, die als Basis für Sonderaufbauten und für Kipper mit 50 Tonnen Gesamtmasse ins Programm kam, ausgerüstet wahlweise mit Reduktionsübersetzungen in den Radnaben, einer zentrale Reifendruckregelanlage und beheizbarer Kippmulde mit einem Fassungsvermögen von 18 m³. Grundsätzlich kam die schwere Ausführung der KING-FRAME-Federung zur Anwendung mit einer Kombination von Luftfederung und Blattfedern. Damit erfüllten die Kipper härteste Anforderungen und absolvierten erfolgreiche Tests in der östlichen russischen Region Surgut.

Auf dem Weg vom Massenproduzenten zum flexiblen Hersteller versuchte Tatra immer, auch spezielle Anwendungsgebiete zu erschließen. Dazu gehörte auch die Land- und Forstwirtschaft. Durch das spezielle Fahrwerksdesign der PHOENIX-Lkw mit Zentralrohrrahmen und luftgefederten Pendelhalbachsen erreichten die Fahrzeuge eine hohe Geländegängigkeit bei gleichzeitiger Schonung der Aufbauten und der Fahrerkabine. Außerdem bestand die Möglichkeit, variabel nutzerspezifische Achskonfigurationen anzubieten. Für die Landwirtschaft kamen besonders drei- und vierachsige Fahrgestelle für Wechselaufbauten zum Einsatz, auf Wunsch auch ausgerüstet mit einer Hinterachslenkung bis 40 km/h.

Für schwere Agrar-Auflieger gab es Sattelzugmaschinen mit Allison-Automatikgetriebe und Breitreifen an allen Achsen. Für die Forstwirtschaft konnten dreiachsige Sattelzugmaschinen oder Chassis mit speziellen Aufliegern bzw. Aufbauten und Ladeeinrichtungen kombiniert werden.

Neben den Kippern und den Chassis für Sonderaufbauten bot Tatra in der PHOENIX-Baureihe auch Sattelzugmaschinen an. Aufgrund ihrer stabilen Rahmenbau-

T 158-8P5R33.391 6×6.2	
Bauart:	Sattelzug für Holztransport
Bauzeit:	seit 2013
Motor:	PACCAR MX340 Euro 5, 6-Zylinder-Reihen-Dieselmotor, wassergekühlt
Hubraum:	12.900 cm³
Leistung:	340 kW (462 PS) bei 1.900 U/min
Getriebe:	(8 + 1) x 2 Gänge (mit Zusatzgetriebe)
L x B x H:	13.985 x 2.550 x k.A. mm
Radstand:	3.900 + 1.320 mm (Sattelzugm.)
Leermasse:	30.000 kg (Sattelzug)
Nutzmasse:	24.000 kg (Sattelzug)
Bereifung:	vorn: 385/65 R 22.5; hinten: 315/80 R 22.5
Höchstgeschwindigkeit:	85 km/h (mit Begrenzer)
Bemerkung:	mit Ladekran HIAB Loglift

Sattelzug für den Holztransport PHOENIX T 158-8P5R33.391 6×6.2. (Foto: Jirí Erben / CC BY-SA 3.0)

Sattelzugmaschine PHOENIX T 158-8P3N36 aus dem umfangreichen Katalog von Tatra für den militärischen Einsatz.

weise und Radaufhängung waren sie überwiegend für spezielle Einsatzzwecke konzipiert. Sie fanden sich im militärischen Angebot, ebenso als landwirtschaftliche Zugmaschine und für den Export nach Russland und in die anderen Staaten der früheren Sowjetunion. An den Hinterachsen kam die schwere Ausführung der KING-FRAME-Federung mit Längsblattfedern zum Einsatz.

Um den europäischen Abgasvorschriften entsprechen zu können, modernisierte Tatra ab 2014 die PHOENIX-Baureihe als T 158 Euro 6. Dazu schlossen Tatra und DAF am 21. August 2014 in Eindhoven einen weiteren Kooperationsvertrag.

Der T 158 Euro 6 unterschied sich auch optisch vom Vorgängermodell, da Tatra nun die »Construction«-Version der Kabinen vom Typ DAF CF 86 bezog. Wieder standen die kurze Variante und die Schlafkabine zur Verfü-

T 158-8P3N36.341 6×6.2R	
Bauart:	Sattelzugmaschine
Bauzeit:	seit 2011
Motor:	PACCAR MX300, 6-Zylinder-ReihenDieselmotor, wassergekühlt
Hubraum:	12.900 cm³
Leistung:	300 kW (408 PS) bei 1.500 - 1.900 U/min
Getriebe:	(8 + 1) x 2 Gänge (mit Zusatzgetriebe)
L x B x H:	7.510 x 2.550 x 3.410 mm
Radstand:	3.440 + 1.450 mm
Leermasse:	11.630 kg
Nutzmasse:	29.370 kg
Bereifung:	325/95 R 24 TL
Höchstgeschwindigkeit:	85 km/h (mit Begrenzer)
Bemerkung:	Militärausführung

Dem militärischen Bereich vorbehalten waren PHOENIX-Lkw mit Metallpritschenaufbauten. Dieser T 158-8P3R33.391 verfügte über einen PACCAR-Motor MX300 nach Euro-3-Norm.

gung. Die Frontgestaltung, die Scheinwerfer und andere Details wurden modifiziert. Auffallend waren besonders die leicht nach oben weisenden Frontlüftungsschlitze, an deren Anzahl der eingebaute PACCAR-Euro-6-Motor zu erkennen ist. Zwei Schlitze lassen auf einen MX-11-Motor schließen, bei drei Schlitzen ist es ein MX-13.

	T 158-8P6R44.261.8x8.2
Bauart:	Fahrgestell für Muldenkipper
Bauzeit:	seit 2014
Motor:	PACCAR MX-13 Euro 6, 6-Zylinder-Reihen-Dieselmotor, wassergekühlt
Hubraum:	12.900 cm³
Leistung:	375 kW (510 PS) bei 1.450 U/min
Getriebe:	(8 + 1) x 2 Gänge (mit Zusatzgetriebe)
L x B x H:	8.550 x 2.550 x 3.540 mm
Radstand:	2.150 + 2.300 + 1.320 mm
Leermasse:	13.580 kg (ohne Aufbau)
Nutzmasse:	30.420 kg
Bereifung:	385/65 R 22.5 vorn / 315/80 R 22.5 hinten
Höchstgeschwindigkeit:	88 km/h

Ein vierachsiger Hinterkipper auf dem Chassis PHOENIX T 158-8P6R44 von 2014.⇨

TATRA

Diese beiden Motoren, die komplett neu entwickelt wurden, standen anfangs in insgesamt sechs Leistungsstufen zur Verfügung, von 271 kW bis zu 375 kW. Neu waren eine Common-Rail-Einspritzung und ein Abgasrückführungssystem (ECR). Dazu kamen eine Kombination von Abgasrückführung (AGR) und selektiver katalytischer Reduktion (SCR) sowie ein Dieselpartikelfilter. Als Getriebe standen manuell zu schaltende ZF EcoSplit, automatisierte ZF AS-Tronic und vollautomatische Allison-Typen zur Auswahl. Das Fahrwerk entsprach grundsätzlich der Euro-5-Ausführung.

Neben einer 4x4-Variante wurden zunächst fünf 6x6-Chassis und sieben 8x8-Fahrgestelle angeboten, u.a. als Basis für Kipper, Containerabsetzer, Sattelzugmaschinen und Betonmischer. Für andere Sonderaufbauten, Krane und schwere Arbeitsmaschinen gab es Konstruktionen mit fünf und mehr Achsen.

Im Januar 2017 konnte Tatra den eintausendsten PHOENIX ausliefern. Am Gesamtverkauf halten die PHOENIX-Lkw bei Tatra einen Anteil von etwa 25 Prozent.

Aus Anlass des 120-jährigen Jubiläums der Automobilfertigung in Koprivnice präsentierte das Tatra-Werk 2017 eine limitierte Sonderedition als T 158 PHOENIX PRÄSIDENT, lieferbar als allradgetriebene Fahrgestelle mit zwei, drei und vier Achsen. Auffallend waren das zweifarbige Design in Rot-Metallic und Schwarz und

Wechselcontainertransporter mit Hakenlift-Absetzer auf der Basis des T 158-8P6R33 mit PACCAR-Motor MX 11, erkennbar an den beiden noch oben weisenden Lüftungsschlitzen an der Front.

Wie schon bei einigen anderen Lkw-Typen, bietet Tatra auch eine Variante des PHOENIX Euro 6 als Chassis für den slowakischen Teleskopbagger UDS-214 an.

der goldene »Präsident«-Schriftzug. Dazu kamen weitere Außendetails und eine verfeinerte Innenausstattung, u.a. mit Ledersitzen, Multifunktions-Lederlenkrad und manueller Klimaanlage.

Die bisher letzte Überarbeitung des T 158 kam als PHOENIX Euro 6 »2018« ins Angebot. Die Änderungen betrafen zunächst die von DAF zugelieferten Komponenten. Die Motoren erfuhren eine Leistungssteigerung und erhielten eine überarbeitete Abgasreinigung. Im Angebot ist nun der MX-11 mit 270 kW, 300 kW und 330 kW Leistung sowie der MX-13 mit 315 kW, 355 kW und 390 kW.

Bei den Getriebeoptionen ersetzte das automatisierte 16-Gang-Getriebe ZF Traxon das bisherige AS-Tronic. Wahlweise stehen nun Scheibenbremsen an allen Rädern zur Verfügung. Hinten können eine Liftachse oder eine lenkbare Achse montiert werden. Die elektronische Architektur des Fahrzeugs wurde überarbeitet. Die Fahrerkabinen erhielten eine bessere Geräuschdämmung und wurden im Innenraum modifiziert. Optisch erkennbar ist die Modellreihe 2018 an der Frontgestaltung mit den mattschwarzen Flächen. Die robuste Konstruktion und die Variantenvielfalt der PHOENIX-Reihe blieben natürlich auch bei der aktuellen Ausführung erhalten.

PRO AGRO
NYMBURK

Freiwillig
FEUERWEHR
TATRA
FEUERWEHR
112
BRIESKE
SFB BR 112

Eine Spezial-Sattelzugmaschine PHOENIX T 158-8P5N mit elektro-hydraulisch gelenkter dritter Achse im Verbund mit einem Landwirtschaftsauflieger vom Typ NCR der tschechischen Firma ZVVZ, bei dem die erste und dritte Achse gelenkt sind. (Foto: ERWE) ⇦

Die Ortswehr Brieske der Freiwilligen Feuerwehr Senftenberg stellte 2019 ein Tanklöschfahrzeug (TLF) 4000 auf der Basis Tatra PHOENIX T158-8P5RB3 6x6 in Dienst. Der PACCAR-Dieselmotor MX265 leistet 265 kW (360 PS). Die Schaltung erfolgt manuell über ein 16-Gang-ZF-Getriebe. Das Fahrzeug wurde besonders für die Waldbrandbekämpfung konzipiert. Der Aufbau mit 9.100 Liter Löschwassertank stammte von der Firma Ziegler. Der Aluminium-Paneel-Aufbau kam vom kroatischen Ziegler-Betrieb in Zagreb und die Endausrüstung erfolgte im Ziegler-Werk Mühlau bei Chemnitz. Für die Wahl des Tatra-Chassis sprachen besonders die gute Geländegängigkeit auf sandigem Boden, die vom Fahrer steuerbare Reifendruckregelung während der Fahrt sowie die von der holländischen Firma Estepe vergrößerte Kabine für acht Einsatzkräfte. (Foto: Leon Maibaum) ⬀

Für den Einsatz zur Ölbekämpfung beschaffte das Havariekommando drei Tatra PHOENIX 8x8 mit Hakenlift und Ladekran. Das in Stralsund beheimatete Fahrzeug wurde dem Technischen Hilfswerk unterstellt und erhielt im Gegensatz zu den beiden in Niedersachsen und Schleswig-Holstein beheimateten Vierachsern die typische THW-Farbgebung. (Foto oben: Havariekommando, Foto unten: ERWE) ⬀⇩

Der Tatra-Importeur »Offroad Trucks Australia« brachte das PHOENIX- Spezialchassis mit Euro-5-Motor für ein vierachsiges Bohrgerätefahrzeug nach Down Under.

Ein dreiachsiger PHOENIX-Kipper mit limitierter Sonderausstattung »Präsident« im Einsatz bei einem tschechischen Baubetrieb. (Foto: Jirí Erben / CC BY-SA 3.0)

Die seit 2018 angebotenen PHOENIX Euro 6 sind an der mattschwarzen Lackierung des Frontteils zu erkennen.

Tatra im Motorsport

Nachdem erstmals 1985 zwei tschechische LIAZ-Lastwagen an der Rallye Paris-Dakar teilgenommen hatten, beteiligte sich Tatra mit Unterstützung des französischen Importeurs MAM-Strager und des Außenhandelsbetriebes Motokov seit 1986 an den werbewirksamen Gelände-Rallyes. Für das Jahr 1986 wurden drei dreiachsige Tatra T 815 für die insgesamt 13.000 km lange Rennstrecke vorbereitet. Bis 1989 hatte das Tatra-Werk im slowakischen Banovce den Aufbau der Tatra-Rallye-Fahrzeuge übernommen. Die typische Tatra-Fahrwerksauslegung mit dem Zentralrohrrahmen und den unabhängig pendelnden Halbachsen eignete sich besonders gut für die martialischen Anforderungen von Langstreckenrennen durch unwegsames Gelände. Für die speziellen Bedingungen wurde die Serientechnik in vielen Details ergänzt oder verändert. Die Kabine wurde mit einem stabilen Rohrschutzrahmen versehen. Zwei spezielle Tanks fassten 1.100 Liter Kraftstoff. Die luftgekühlten V-12-Motoren erhielten zwei Abgasturbolader, womit 295 kW (400 PS) zur Verfügung standen. Mit den Tatra-Getrieben konnte eine sehr langsame Gangart gewählt werden, aber auf befestigten Pisten waren auch bis 150 km/h erreichbar.

Fast wäre auch die erste Teilnahme von Tatra 1986 ein großer Erfolg geworden. Bis zur letzten Etappe belegten Tatra-Werksteams den zweiten und dritten Platz im Wett-

Tatra und Motokov warben 1986 mit der ersten Teilnahme an der Rallye Paris - Dakar für die robusten Lastwagen, die im Werk Banovce vorbereitet wurden. ⇨

Mit diesem Tatra T 815 VD 4x4 gewann Karel Loprais die Paris-Dakar-Rallye 1988 in der Kategorie Trucks.

8e RALLYE PARIS-DAKAR '86
TATRA
PARIS
DAKAR
TATRA
NJ-99-46
MOTOKOV
1986
PARIS-DAKAR
TATRA
EXPORT
MOTOKOV
CZECHOSLOVAKIA

Die Aufstellung der Erfolge und Platzierungen bis 1996 zeigt auch die Teilnahme an den Rennen von Paris nach Kapstadt und von Paris nach Moskau.

bewerb. Doch dann führte ein vor ihnen liegengebliebener Lastwagen zur Zeitüberschreitung und Disqualifikation. Trotzdem sammelte man wertvolle Erfahrungen für die künftige Gestaltung der Technik. So entschied sich der legendäre Rennfahrer Karel Loprais bei der Rallye Paris-Dakar 1987 für ein zweiachsiges Rennfahrzeug, mit dem er den zweiten Platz belegte. Und mit einem T 815 VD 10 300 4x4.1 gewann die Mannschaft um Karel Loprais 1988 erstmals die Rallye Paris-Dakar. Seit den 1990er Jahren kamen weitere Langstreckenrennen durch Afrika, Asien und auch Lateinamerika hinzu.

Zugeschnitten auf diese Wettbewerbe wurden seither unterschiedliche Rennfahrzeuge gebaut. Die regelmäßige Teilnahme an internationalen Wettbewerben war ein wichtiger Faktor beim Test und der Überführung neuer technischer Lösungen in die Serienfertigung. So konnte die Haltbarkeit von Luftfederungen und Stoßdämpfern unter Offroad-Bedingungen deutlich verbessert werden. Das kombinierte Aufhängungssystem mit Blatt- oder Schraubenfedern in Verbindung mit Luftbälgen, welches später beim TERRNo1 als KING-FRAME in Serie ging, wurde an den Wettbewerbsfahrzeugen getestet. Andererseits kamen ab 1998 kamen wichtige Änderungen aus der TERRNo1-Reihe in die Rallye-Lkw. Dazu gehörte auch die Einbaumöglichkeit von Motoren anderer Hersteller. So entstand unter Verwendung eines wassergekühlten Deutz-Diesels der Wettbewerbstyp-Typ T 815-2ZER55 4x4, mit dem Karel Loprais die Dakar-Rallye in den Jahren 1998, 1999 und 2001 erneut gewinnen konnte.

Seit 2001 werden die Tatra-Rennfahrzeuge von privaten Teams betrieben, wovon einige vom Tatra-Werk und inzwischen auch von der Holding Czechoslovak Group unterstützt werden. Außer an den Gelände-Langstreckenrennen beteiligen sich inzwischen auch Teams mit Lastwagen auf Tatra-Basis erfolgreich an Rundstreckenrennen, wie seit einigen Jahren in China.

Auch JAMAL- und PHOENIX-Fahrzeuge dienen nun als Basis von Renn-Lkw, wobei aber auch oft die klassische Tatra-Fahrwerksbauart mit verschiedenen Motoren und Getrieben anderer Hersteller kombiniert werden.

Auf diesem Tatra T 815 mit Deutz-Motor gewann Karel Loprais vom Tatra Marathon Team die Rallye Granada - Dakar 1999. Zu sehen war der Renn-Lkw auf der Ausstellung AMI in Leipzig. (Foto: MDü)

Der Tatra T 815-2C0R45 4x4 VK des Czech Dakar Team, ausgerüstet mit Gyrtech-Motor beim Start der Rallye von Lima nach Santiago de Chile 2013. (Foto: Rainbowasi / CC BY-SA 2.0)

Eine Darstellung der Vielzahl interessanter Rennfahrzeuge und der publikumswirksamen Veranstaltungen ist hier leider nicht möglich. Dazu liegt inzwischen aber eine umfassende Publikation vor, im Moment aber leider nur in tschechischer Sprache. Enthalten ist darin auch eine detaillierte Übersicht der TATRA-Wettbewerbs- und Begleitfahrzeuge aus den Jahren 1985 - 2000. Unter dem Titel »Tatra v hlavni roli« haben Milan Olsansky und Radomir Smolka nun schon in zweiter Auflage ein Standardwerk vorgelegt, das im Werks-Shop erhältlich ist.

Tatra JAMAL 2016 beim Start der Rallye Seidenstraße nach Peking vor der Basilius-Kathedrale auf dem Roten Platz in Moskau. (Foto: Sergey Korovkin 84 / CC BY-SA 4.0)

Tatra PHOENIX als Wettbewerbsfahrzeug zur Rallye Seidenstraße 2017 von Moskau über Kasachstan nach Xian. (Foto: GTRus / CC BY-SA 4.0)

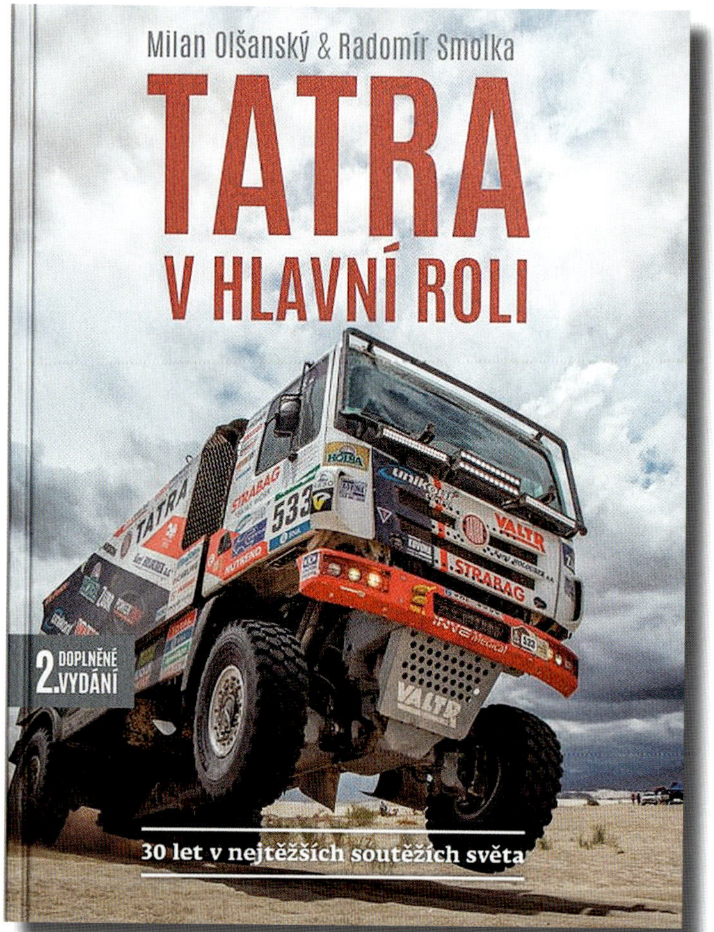

TATRA - dreißig Jahre in den härtesten Wettbewerben der Welt, so lautet der Untertitel eines Buches zu den Rennen und Tatra-Rennfahrzeugen.

Tomas Tomecek mit seinem Tatra T 815-Rennfahrzeug bei der African Eco Race 2018 von Monaco nach Dakar, die er ohne Crew als Alleinfahrer in Angriff nahm.

Die eigentliche Domäne der Tatras ist die nahezu unbegrenzte Geländegängigkeit, diese, gepaart mit hohem fahrerischem Können zeigt sich beim Truck-Trial. (Foto: ERWE)

Anhang

(Foto: ERWE)

Systematik der Tatra-Typenbezeichnungen

Die ersten in Nesselsdorf / Koprivnice erzeugten Automobile erhielten als Typbezeichnung deutsche Namen, da der Ort damals zur Österreichisch-Ungarischen Monarchie gehörte. Etwas später wurden die Buchstaben des Alphabets zur Kennzeichnung benutzt. Als das Alphabet erschöpft war, kam ein zweiter Buchstabe hinzu.

Nach dem Ersten Weltkrieg erhielten alle Erzeugnisse eine Zahlenkennzeichnung, etwa in der Reihenfolge ihres Entstehens. Normalerweise wurde der Zahl ein »T« vorgesetzt. Die Versuchsprojekte bekamen davor ein »V« oder ein »Z«.

Mit dem Ausschöpfen der zweistelligen Zahlen ab dem Zweiten Weltkrieg kamen Dreisteller zum Einsatz. Die Zahlenbereiche wurden nun bestimmten Produktgruppen zugeordnet: 100 = Lkw; 200 = Lieferwagen; 300 = Schienenfahrzeuge; 400 = Obusse; 500 = Omnibusse; 600 = Pkw; 700 = Versuchsgruppen, später auch Pkw; 800 = Spezialfahrzeuge.

Nach der Entwicklung des Frontlenker-Prototyps T 157 wurde diese Ordnung nicht konsequent fortgeführt, das Serienfahrzeug hieß nun T 815. Mit der Einführung dieser breit gefächerten Baureihe ging Tatra ab 1983 bei der Typenkennzeichnung zu einer technisch informativen, aber für den Nicht-Experten weniger übersichtlichen Buchstaben-Zahlen-Kombination über. Bei der modernisierten Baureihe T 815-2 wurde die nummerischen Typbezeichnung ab 1990 noch umfangreicher. Dies ermöglichte zwar eine gute Fahrzeugidentifikation, erschwerte aber auch das Marketing, obwohl Tatra gerade zu dieser Zeit mehr auf aktive Kundenarbeit angewiesen war als zu Zeiten der Planwirtschaft. Deshalb begann das Unternehmen ab 1997 Handelsnamen für Lastwagen bestimmter Produktgruppen oder Einsatzbereiche einzuführen. So erhielt der Hauben-Lkw T 163 den Namen JAMAL und die 1996/1997 deutlich überarbeitete Baureihe T 815-2 hieß nun TERRNo1. Diese Namen waren im Rahmen von Wettbewerben unter den Beschäftigten ermittelt worden. Für die militärischen Fahrzeuge wählte Tatra die Namen ARMAX für seriennahe Typen und FORCE für spezielle Bauformen. PHOENIX folgte 2011 als Name für die mit PACCAR/DAF-Komponenten bestückte Baureihe T 158.

Seit dem Jahr 2017 verwendet Tatra vier Handelsnamen für die Hauptbaureihen:

TATRA PHOENIX bezeichnet die überwiegend zivile, schwere Lastwagen-Baureihe mit PACCAR/DAF-Baugruppen und dem Typschlüssel T 158.

TATRA FORCE sind die speziellen, schweren Fahrzeuge mit niedrigem Fahrerhaus, hauptsächlich für Militär, Feuerwehr und spezielle Anwendungen unter der Typnummer T 815-7.

TATRA TERRA ersetzt nun den früheren Handelsnamen TERRNo1 für die Nachfolgetypen der Reihe T 815-2, die für spezielle Anwendungen und den Export weiterhin angeboten werden.

TATRA TAKTIK bezeichnet die mittelschweren, fast ausschließlich militärisch eingesetzten Lastwagen mit starrem Portalachsfahrwerk, die ursprünglich als T 810 bekannt waren.

Im Rahmen dieser Baureihen werden die einzelnen Fahrzeugtypen weiterhin mit den technisch-spezifischen Schlüsselnummern gekennzeichnet.

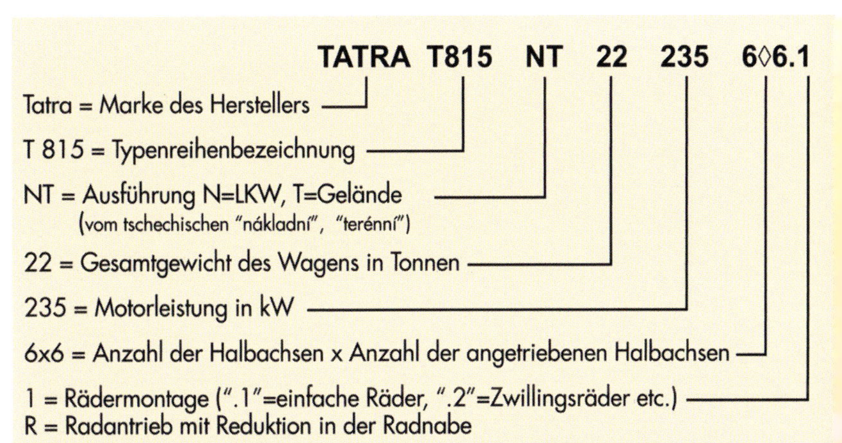

Die anfängliche Kennzeichnung bei der Baureihe T 815 am Beispiel eines Gelände-Lkw.

Die noch spezifischere Typenkennzeichnung bei den Tatra-Lkw T 815-2 und den davon abgeleiteten Ausführungen - Stand 2007. **(siehe Seite 236)**

Der ab 2011 beim T 158 PHOENIX angewendete Typenschlüssel. **(siehe Seite237)**

TATRA VEHICLES DESCRIPTION - KENNZEICHNUNG DER TATRA FAHRZEUGE

T 815 – 290S25 28 300 6x6. 2 R / 34 1

- **T 815** – Reihe / Truck family
- **290S25** – VDS-Nummer / Vehicle Description Section
- **28** – Gesamtgewicht des Fahrzeugs [t] / Gross Vehicle Weight
- **300** – Motorleistung [kW] / Engine power
- **6x6** – Kennzeichen des Achsenantriebs / Axles configuration; Anzahl der Räder / Number of wheels; Anzahl der angetriebenen Räder / Number of driven wheels
- **2** – Reifenmontag - Tyres fitting: 1- Einzelmontage – single; 2- Doppelmontage – double
- **R** – Redukce v kolech / Untersetzung in Rädern
- **34** – Achsabstand – Wheelbase: Zahl x 100 mm = Achsabstand / Number x 100 mm = wheelbase
- **1** – Kennzeichnung der Ausführung - Variant number: Zahl=Serienfahrzeug / Number=serial application; Buchstabe=Prototyp / Letter=prototype

2 9 0 S 2 5

Kennzeichnung der Reihe – Truck family

		Handelsname / Commercial name	
1	T 810	ATS	Geländewagen mittlere / Medium terrain vehicle
2	T 815-2	TERRNo 1, ARMAX	Frontlenker / Cab-over-engine
3	T163		Haubenfahrzeug / Conventional cab
6	T816	FORCE	Frontlenker / Cab-over-engine
7	T 815-7		Frontlenker, niedriges Fahrerhaus / Cab-over-engine, low cab

Motortyp – Engine type

1	T3B-928.10	EURO 1	Luftgekühlt / Air cooled
4	T3B-928.40	EURO 1	Luftgekühlt / Air cooled
5	T3B-928.50	EURO 2	Luftgekühlt / Air cooled
6	T3B-928.60	EURO 2	Luftgekühlt / Air cooled
7	T3B-928.70	EURO 2	Luftgekühlt / Air cooled
8	T3C-928.81	EURO 3	Luftgekühlt / Air cooled
9	T3C-928.90	EURO 3	Luftgekühlt / Air cooled
A	T3C-928.A	EURO 3	Luftgekühlt / Air cooled
2	T3D-928.20	EURO 4	Luftgekühlt / Air cooled
3	T3D-928.30	EURO 4	Luftgekühlt / Air cooled
C	Caterpillar C-12, C-13		Flüssigkeitsgekühlt / Water cooled
E	Caterpillar C-15, C-18		Flüssigkeitsgekühlt / Water cooled
B	Cummins ISB		Flüssigkeitsgekühlt / Water cooled
L	Cummins ISL		Flüssigkeitsgekühlt / Water cooled
M	Cummins ISM		Flüssigkeitsgekühlt / Water cooled
P	Renault DXi 11		Flüssigkeitsgekühlt / Water cooled
R	Renault Dxi 7		Flüssigkeitsgekühlt / Water cooled

Fahrzeugausführung – Vehicle variant

	Ausführung – Performance	Lenkung / Steering	Gesetzgebung / Legislation
0	Standard - standard	L - LHD	Ja - yes
E	Standard - standard	L - LHD	Nein - no
P	Standard - standard	P - RHD	Ja - yes
R	Standard - standard	P - RHD	Nein - no

Hinderachsen und Federung – Rear axles and suspension

		Tragkraft / Load capacity	Untersetzung / Reduction	Achsenübersetzung / Axle ratio
0	Kombinierte Federung / Combination suspension	13 t	R	2,714 x 2,333
1	Blattfederung / Leaf suspension	11,5 t	-	3,385
2	Luftfederung / Air suspension	10 t	-	3,385
3	Kombinierte Federung / Combination suspension	11,5 t	R	2,714 x 2,333
4	Kombinierte Federung / Combination suspension	13 t	-	3,385
5	Kombinierte Federung / Combination suspension	11,5 t	-	3,385
6	Blattfederung / Leaf suspension	11,5 t	R	2,714 x 2,333 *
7	Kombinierte Federung / Combination suspension	9 t	R	2,714 x 2,333
8	Kombinierte Federung / Combination suspension	15 t	R	2,714 x 2,333
9	Luftfederung / Air suspension	10 t	R	2,714 x 2,333
T	Kombinierte Federung / Combination suspension	15 t	R	3,385 x 2,333

* für T810 Achsen ATS – ATS axles for T 810

Ausführung von Achsen und Fahrerhaus – Cab type and axles configuration

0	0 kurzes Fahrerhaus (Rad vorne) – short cab (wheel in front)	6x6, 6x4
2	kurzes Fahrerhaus – short cab *	6x6, 6x4
3	mittleres und langes Fahrerhaus – middle and long cab *	6x6, 6x4
4	kurzes Fahrerhaus – short cab *	4x4, 4x2
5	mittleres und langes Fahrerhaus – middle and long cab *	4x4, 4x2
8	kurzes Fahrerhaus – short cab *	8x8, 8x6
9	mittleres und langes Fahrerhaus – middle and long cab *	8x8, 8x6
K	Haubenfahrerhaus – bonneted cab	6x6, 6x4

* bei T815-7 niedriges Fahrerhaus, bei T 810 Fahrerhaus ANTS
low cab for T 815-7, ANTS cab for T 810

Fahrzeugart – Vehicle type

J	Kranchassis (vorgelagertes Fahrerhaus) - crane chassis
N	Sattelzugmaschine – semi-trailer tractor
R	Chassis - chassis
S	Kipper – tipper
T	Anhänger-Zugmaschine – trailer tractor

OZNAČOVÁNÍ VOZIDEL TATRA 158
TATRA 158 VEHICLES CODING

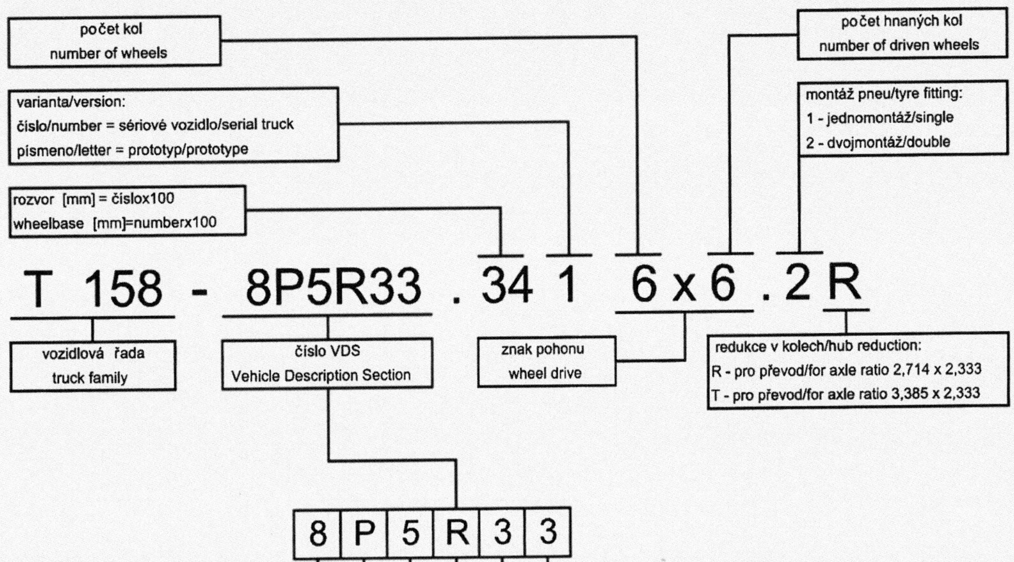

Vozidlová řada - Truck family		
8	T 158	Trambusové aplikace Cab-over-engine

Typ motoru - Engine type	
P	Paccar MX

Provedení vozidla a legislativa - Vehicle variant and legislation level		
Řízení Steering		Emisní úroveň Emission level
Levostranné LHD	Pravostranné RHD	
0	A	Euro 0 + jiné/other
1	B	Euro 1
2	C	Euro 2
3	D	Euro 3
4	E	Euro 4
5	F	Euro 5
6	G	Euro 6

Druh vozidla - Vehicle type	
R	Podvozek rámový/bezrámový - Chassis cab
N	Návěsový tahač - Semi-trailer tractor
T	Tahač přívěsů - Trailer tractor

Pérování zadních náprav - Rear axle suspension		
	Typ pérování Suspension type	Nosnost [t] Capacity [t]
1	Vzduchové vaky Air bags	10
2	Listová pera Leaf springs	11,5
3	Vzduchové vaky + vinuté pružiny Air bags + coil springs	11,5
4	Vzduchové vaky + listová pera Air bags + leaf springs	13
5	Vzduchové vaky + listová pera Air bags + leaf springs	15
6	Vzduchové vaky + listová pera Air bags + leaf springs	16

Provedení kabin a typ pohonu - Cab type and drive configuration		
Typ kabiny/Cab type		Pohon Drive
Krátká a střední Short and sleeper	Dlouhá 4-dvéřová Crew cab (4-doors)	
2	A	4x4
3	B	6x6
4	C	8x8, 8x6
5	D	10x10, 10x8, 10x6
6	E	12x12, 12x10, 12x8, 12x6

Platí pouze pro T 158/Valid only for T 158
Platnost od/Valid from: 1.1.2011

Quellenangaben:

Dünnebier, Michael: **Typenkompass Tatra - Osteuropäische Lastwagen,** Stuttgart 2016

Dünnebier, Michael: **Typenkompass Osteuropäische Lastwagen & Busse - Tschechische Marken seit 1945,** Stuttgart 2017

Dünnebier, Michael: **Lastwagen und Busse Osteuropas,** Stuttgart 2019

Gau, Lutz-Reiner u.a.: **Deutsche Militärfahrzeuge - Bundeswehr und NVA,** Stuttgart 2001

Gomola, Miroslav: **Historie automobilu Tatra II - nakladni a specialni vozidla,** Brno 1998

Harak, Martin: **Autobusy a trolejbusy vychodniho bloku,** Praha 2014

Harak, Martin: **Encyclopedie ceskoslovenskych autobusu a trolejbusu, Band V,** Praha 2013

Jäger, Frank-Hartmut: **Feuerwehr-Archiv/Import-Fahrgestelle;** Berlin 2002

Olsansky, Milan: **Nesmrtelny - 120 let vyroby automobilu v Koprivnici,** Brno 2017

Rosenkranz, Karel: **Nakladni automobily 1898-1972,** Koprivnice 1972

Rosenkranz, Karel: **TATRA - Passenger Cars-Personenkraftwagen-Voitures de Tourisme-Coches de Tourismo,** Praha 1998

Rosenkranz, Karel: **TATRA - Trucks-Lastkraftwagen-Camions-Camiones,** Koprivnice 2007

Schmarbeck, Wolfgang: **Die Geschichte der Tatra-Automobile,** Lübbecke 1989

Schmarbeck, Wolfgang: **Hans Ledwinka - Seine Autos - Sein Leben,** Graz 1990

Spremo, Milan: **Atlas nasich automobilu, Band 4 - 1937-1963,** Praha 1991

Suman-Hreblay, Marian: **Encyklopedie nakladnich automobilu,** Brno 2008

Suman-Hreblay, Marian: **Tatra - Nakladni a uzitkova vozidla, autobusy a trolejbusy,** Brno 2010

Suman-Hreblay, Marian: **Hasicska vozidla,** Brno 2010

Suman-Hreblay, Marian: **Vojenska vozidla,** Brno 2013

Zeitschrift »**KFT - Kraftfahrzeugtechnik**«, Berlin, verschiedene Ausgaben

Zeitschrift »**Tschechoslowakische Motor Revue**«, Praha, verschiedene Ausgaben

Prospekte und sonstige Veröffentlichungen des Tatra-Werkes, der Aufbauhersteller und Vertriebspartner

Internet:

https://atg-auto.ru/
https://www.automobilrevue.cz/
https://www.bemlindia.in/
https://bos-fahrzeuge.info/
https://czechoslovakgroup.cz/en
https://defenceforumindia.com/
https://economictimes.indiatimes.com/
https://gerolt.de/tatra-oldtimer/
https://www.indiatoday.in/
https://www.indiawest.com/
http://www.offroadtrucks.com.au/
https://www.tatra.cz/
https://www.tatra.ru/
http://www.tatratrucks.com/
http://www.tatraportal.sk/
http://tatra.hys.cz/
https://www.tatraworld.nl/
https://timesofindia.indiatimes.com/
https://www.tribuneindia.com/
https://de.wikipedia.org/
https://cs.wikipedia.org/
https://en.wikipedia.org/

Bildnachweis:

Beim Bildnachweis wurden folgende Abkürzungen verwendet:

AMH	Archiv Martin Harak
ERWE	Foto: Ralf Weinreich
MH	Foto: Martin Harak
MDü	Foto: Michael Dünnebier
Slg. Buza	Sammlung Tibor Buza
TMT	Technisches Museum Tatra Koprivnice

Alle nicht gekennzeichneten Bilder sind Werksaufnahmen oder stammen aus dem Archiv des Verfassers.

Später Export: Im Jahr 1992 konnte diese Eisenbahnladung Tatra 148 und Tatra 815 Kipper am Schuppen 74, der Unikai/Hapag, am Kronprinz-Kai des Hamburger Kaiser-Wilhelm-Hafens aufgenommen werden. Leider ist nicht bekannt, wohin diese Fahrzeuge exportiert wurden. Interessant sind die beiden T 148 Kipper, deren Produktionsende zum Zeitpunkt der Aufnahme bereits 10 Jahre zurücklag. (Foto: ERWE)